Cheats and Deceits
How Animals and Plants Exploit and Mislead

动植物是
怎样骗人的

自然解读丛书

Martin Stevens

〔英〕马丁·史蒂文斯 著

杨建玫 华静 史文静 译

吴碧宇 陈凯 译审

重庆大学出版社

　　自然界中的障眼法比比皆是，令人无法避其行之。比如，我们熟悉的毛毛虫能伪装在树枝中；比如，某些兰花能巧妙地仿效雌性昆虫的气味和外表。自然界中动植物（甚至真菌）的欺骗行为既复杂又极端，人类对此知之甚少。部分原因可能是人类对动植物实施障眼法和伪装术的场地不够熟悉（比如深海或热带雨林），或者动植物所使用的感官形态并不是人类所熟知的方式（比如紫外线或超声波）。简而言之，对自然界的欺骗行为，我们的探讨难以穷尽。我的大部分职业生涯都在研究动植物的欺骗行为。我研究过螃蟹的伪装术、杜鹃鸟的拟态技巧，探究过生物之间相互操纵的程度，时至今日我对生物的障眼法依旧惊讶不已。从某种意义上说，生物的这些伪装技能本无法存在，因为从进化的角度看，生物学家一直都认为，把自己的基因遗传给下一代便是成功的进化，如果借助伪装利用其他生物完成了遗传，那么这也应该是遗传和进化的动力。动植物的各种伪装形式有着复杂的适应性，有些甚至复杂到让人难以理解，且其数量之多，深深地吸引着我们去发现。

　　本书介绍了动植物的各种欺骗行为，包括这些行为是如何存在并运作的，以及其历史背景和重要意义，同时也阐释了如何在此基础之上更好地理解生物的进化和适应。本书还非常关注运用现代科学思维和方法来探讨。本书在每章中都讨论了一种或者两种主要的伪装行为类型和功能，主要包括捕获食物、逃避被食和繁殖。为了避免赘述，第1章借助具体例证（特别是某些毛毛虫如何欺骗蚂蚁，令其保护自己），着重阐释了一些关于欺骗行为的主要观点和概念，并解释说明其复杂性。第2章讨论了动物是如何模仿其他物种或者环境来偷食以及捕获猎物的。第3章延续第2章的话题，继续讨论了一些物种（特别是蜘蛛）是如何使用欺骗性的交流信号和刺激物等来诱捕猎物的。第4章讲述了动物是如何使用欺骗行为躲避被捕食的。第5章讨论了无害动物是如何模仿其他危险物种来避免被捕食的。第6章讲述了一些物种是如何使用突然惊吓的动作以及其他欺骗性手段来吓跑捕食者或让捕食者忽视它们的。第7章和第8章讨论了动物、植物和真菌是如何通过欺骗和操纵不同个体来进行繁殖的，文中以鸟类和昆虫如何欺骗其他物种帮其抚养后代为开头，讲述了生物个体在交配期间是如何操纵潜在伙伴和对手的。第9章回顾了欺骗行为的重要领域和关键概念，并且说明我们能够了解和发现自然界中更多动植物的欺骗行为。

　　科学家们认为，有一些过程可以促进自然界欺骗行为的进化。如果想要弄清楚这些欺骗行为的发生过程，讨论这些欺骗行为的实际运作模式以及进化程度，那么十分有必要先界定相关概念。尽管概念界定很重要，但是把概念界定得过于学术又会显得枯燥单调，而且我也不想从一开始就引入语义概念，否则很容易在叙述动植物的欺骗行为时产生干扰因素。因此，在讲述这些欺骗行为的类型和案例时，我试图寻找契合点；在讲述这些欺骗行为的运作方式时，我试图不失诙谐地渗透关键的概念。当然，我也试图概括性地介绍某些术语和概念。这些术语和概念贯穿全书，但并不是从第1章开始就采用一种很正式的方式来定义。比如"拟态"的概念——这个最为令人熟悉的欺骗类型，指的就是一种生物个体在某种形式上类似于另一种生物，因此它可以欺骗其他生物，从而被误认成"错误的"目标体。举例来说，一些无毒蛇的条纹颜色与某些有毒蛇类似，借助这样的障眼法，它们可以摆脱捕食者的戕害——这种欺骗行为被称为"贝茨氏拟态"，而当拟态以一种对抗性方式被使用时，其侵略性的拟态便出现了。比如，一些昆虫会模仿花朵的颜色和形状，以此避免被识破，同时还可以骗过那些经常游走在真正花朵之间的猎物。伪装也是一种被广泛运用又具有直观效果的方法，尽管这比人们通常所认为的更加复杂有趣。通常，伪装行为包括衬于环境的外表之下，或者伪装成环境中的某些具体的物体（比如枯叶），这样不容易被捕食者（或者猎物）发现。还有一个重要的概念值得一提，即"感官利用"。当一种生物个体产生一种交流信号，并且这种信号已经进化成能够高效率地刺激另一种动物（相同或者不同物种）的感觉系统时，"感官利用"就会发生。通过这种方式，生物个体可以探出目标体所发出的更大的行为反应。比如，一些青蛙会产生交配的叫声，这种叫声已经进化成具有具体声音的属性，可以刺激雌性青蛙的听觉敏感性，从此来增加它们交配的概率。"感官利用"似乎是常见的欺骗手段，在自然界中发挥着重要的作用。

原则上，本书本可以拥有另一套想法或主题，我们也不应该把每章的主题和所讨论的概念相互隔离开来，但每章的主题独立似乎又是最合理的组织方式。因此，我一直在尝试用共同的概念和理论来阐明，试图将它们联系在一起。某些章比较长，其思想似乎也更有深度，但这并不意味着这些领域比其他领域更重要，只体现了这些领域的受欢迎程度而已（包括过去和现在），涉及的分类学也一样。最后，这本书不是为了涵盖所有已知的欺骗案例，而是更多地希望能提供一个平台，让我们对这一领域有一个基本的了解，同时也希望这本书有验证众多想法的科学实验能力。书中所选择的案例是我个人认为最有趣的，且这些例证对强调关键概念及相关工作具有辅助作用。

撰写这本书既具有挑战性，又具有愉悦性。在撰写过程中，我得到了很多人的帮助。首先，我要真诚地感谢牛津大学出版社（OUP）的拉莎·梅农（Latha Menon）、珍妮·纽吉（Jenny Nugee）和凯特·吉尔克斯（Kate Gilks），感谢他们在我撰写阶段对手稿提出了一系列具有高度建设性的反馈和建议，他们的帮助是非常宝贵的。此外，我还要感谢蒂姆·卡罗（Tim Caro），当我把撰写本书的想法告诉他时，他给予了我最初的动力，让我鼓起勇气坚持了下来，他认真地阅读了整篇手稿，对早期草案给出了及时反馈和建议。我也非常感谢以下人士，他们认真阅读了各个章节，给予了一系列的反馈与鼓励：凯特琳·凯特（Caitlin Kight）、格雷姆·鲁克斯顿（Graeme Ruxton）、丽娜·阿里纳斯（Lina Arenas）、萨拉·迈诺特（Sara Mynott）、艾曼纽·布里奥拉（Emmanuelle

前言

Briolat）、珍妮·伊斯利（Jenny Easley）、山姆·史密瑟斯（Sam Smithers）、劳拉·凯莱（Laura Kelley）、凯特·马歇尔（Kate Marshall）、安娜·休斯（Anna Hughes）、大卫·纳什（David Nash）、汤姆·弗劳尔（Tom Flower）和汤姆·谢拉德（Tom Sherratt）。此外，我还要感谢所有提供图片作品的人们（常以捐赠的形式），为本书提供了内容广泛、精美别样的插图。最后，我要感谢我的妻子奥黛丽（Audrey）在整个过程中不间断地给予我的鼓励和帮助，没有她，我根本无法完成这项工作。

目 录

图示列表

图示列表

大自然中狡黠的伪装者

在欧洲和亚洲的草原上，生活着一种濒临灭绝的美丽蝴蝶物种，称为爱尔康蓝蝶（爱尔康霾灰蝶）。它的雌性蝴蝶会在植物上产下白色的虫卵，虫卵则以花为食逐渐长大。一旦这种虫卵（毛毛虫）孵化落到地面上，多会被一种名为红火蚁的物种发现。在这个时候，大多数小昆虫都会被红火蚁的工蚁当作猎物进行攻击和杀害，但是对爱尔康蓝蝶毛毛虫，工蚁反而会尽职尽责地把它们安然无恙地带回自己的巢穴（图1）。进入蚁穴之后，红火蚁会将毛毛虫当作自己的一分子，让其在巢穴中居住，并且用自身的资源让毛毛虫成长、发展，直到它们逐步获得化蛹所需的那剩余98%的能量。整个过程可能需要长达一年甚至两年的时间。化蛹一个月后，它们会破茧成蝶，离开蚁穴又开始重复其生命周期。

据一些研究估计，在离开其寄主植物的爱尔康蓝蝶毛毛虫中，90%最终能成功地留在蚁巢内。那么是什么原因使它们的成功概率如此之高呢？简而言之，这一切都归结于诡计和欺骗行为。每一只毛毛虫都会模仿红火蚁的气味和声音，以自身的优势利用、欺骗它们，所以红火蚁会把毛毛虫当作自己的后代来照顾。不是只有爱尔康蓝蝶有这样的

图 1：爱尔康蓝蝶（爱尔康霾灰蝶）。上图：一只有美丽的蓝色蝴蝶。左下图：毛毛虫在掉到地上之前，最初在寄主植物上孵化、取食。右下图：一只红火蚁的工蚁捡起一只毛毛虫，并且将它运回巢穴。

图片来自大卫·纳什

生命周期，许多其他种类的蓝蝶都有类似的生存方式（蓝蝶物种的分类很复杂，并且存在着争议）。

无数动植物会为了自身的利益而欺骗他人，爱尔康蓝蝶就是其中之一。许多早期的博物学家也都意识到自然界不是一个和谐的地方，其中包括查尔斯·达尔文（Charles Darwin），以及一些和他同时代的人。即使我们经常看到自然界表面上合作的事例，但是自私和剥削仍是自然界的主旋律（图2），生物体面临着生存和繁殖的持续斗争以及在获得配偶、索求食物或者避免天敌的有利条件方面的持续斗争。毫不奇怪，许多动物和植物（甚至有些真菌）相互哄骗、戏弄、欺骗，以便为自己获得优势，就像爱尔康蓝蝶欺骗红火蚁来获得资源和安全的居住地一样。从在树冠上伪装成树枝和枯叶以躲避捕食者的昆虫，到在海洋深处利用生物发光的诱饵引诱猎物的鱼类，欺骗行为在自然界广泛地存在着。

在自然界中，生物体经常进行某种形式的交流，即一个个体将信息或者信号传递给另一个个体。例如，雄性孔雀用华丽的尾羽作为信号，给雌性孔雀留下自己是高质量配偶的印象。科学家们常常把自然界中的欺骗行为看成一个物种（通常是另一物种）的一方利用一个通信系统，来制造虚假的、夸大的或者误导性的信息。欺骗行为对于实施它的那些物种来说应该是有利的，但是对于被欺骗的动物而言，它们的代价往往很高昂——损失时间或者资源，比如食物；甚至死亡的风险也将大大地增加。本书介绍了欺骗行为如何在自然界中发挥作用以及它是如何演变的，讲述了一些蜘蛛伪装蚂蚁的方式和原因，许多兰花与昆虫的气味和外表类似的方式和原因，一些鸟在其他物种的巢穴中产卵的方式和原因，以及更多的类似情况。我们将探讨这些问题和许多其他的问题，其中包括自然界中无数精彩的例子以及聪明的科学实验，是它们引导了我们对欺骗行为的理解。最后，本书告知我们，什么样的欺骗行为可以让我们了解物种之间的相互作用，以及它们进化、适应的过程。

让我们回到我们的例子——爱尔康蓝蝶以及它们透露给我们的欺骗行为。蚂蚁是地球上数量最多的生物之一，与其他许多物种有着千丝万缕的关系，从捕食者到保护者，它们在世界各地的栖息地中扮演着重要的角色。在无数的生态系统中，蚂蚁的重要性是

不言而喻的，即多达上万种或者更多其他种类的昆虫与它们生活在一起，并且利用着它们。许多这样的欺骗者通过进化来减小被蚂蚁攻击和杀死的概率，如伪装出蚂蚁用来识别彼此的化学信息素。这种物种通常被称为"社会寄生体"，因为每个单独的寄生体利用的不仅是一只单一的蚂蚁，而是整个种群（我们将在第7章对此进一步举例说明）。蝴蝶家族中地灰蝶科是最大的蝴蝶种群之一，包括细纹蝶和蓝蝶。在这一蝴蝶种群的大约5 000种中，很多蝴蝶的幼虫以某些对双方均有利的方式与蚂蚁有着某种联系。例如，一些毛毛虫产出含糖的分泌物供蚂蚁食用，为此蚂蚁保护毛毛虫，使其免受潜在掠食者的攻击；其他毛毛虫直接利用蚂蚁获得资源，使用这种方法的大约有200种或者更多。在这些引人注目的例子中，包括在欧洲和亚洲发现的大蓝蝶（霾灰蝶，有时被称为白灰蝶）和爱尔康蓝蝶。

其他大蓝蝶以与爱尔康蓝蝶极为相似的方式开始生活。起初，在掉落到植物表面上被红火蚁发现并带回蚁穴之前，毛毛虫依附在寄主植物的花蕾上取食。在这之后，依蝴蝶种类的不同，一般会发生下列两种情况之一：要么是毛毛虫成为被捕食的对象，被蚂蚁用来喂养自己的幼虫；要么成为一种"杜鹃鸟"。在后者的情况下，就像是鸟类的同类一样（第7章会对此有详述），毛毛虫将自己融入蚂蚁的巢穴，由蚂蚁直接照顾、喂养（图3）。在某些情况下，工蚁甚至会忙于满足蓝蝶毛毛虫的需求而忽略了自己的幼虫。事实上，当食物匮乏时，"保姆"蚂蚁有时甚至会杀死自己的一窝幼虫来喂养蓝蝶毛毛虫。这种

图2：欺骗行为的例子。左上图：一只无害的食蚜蝇（蜂蝇）伪装蜜蜂的外表来防御捕食者，以此获得保护。右上图：一只雀斑夜鹰（夜鹰属）利用伪装来躲避天敌的侦查。左中图：许多蜘蛛利用明亮的色彩引诱猎物进入它们的蜘蛛网中，如这条带状腿金色蜘蛛网蜘蛛。右中图：捕食者也通过伪装来接近猎物，像这里的螳螂（未知的物种）。左下图：扇尾莺（棕扇尾莺）的巢穴和寄生织布鸟的两个寄生的蛋，寄生织布鸟利用其他鸟类来哺育自己的幼鸟。右下图：一些雄性动物通过伪装成雌性动物来提高交配的成功率。这是澳大利亚巨型乌贼（深褐色）——底部是一只雌性个体，上方是一只交配的雄性个体，中间还有一只伪装成雌性的雄性个体。
上和中图片来自马丁·史蒂文斯
左下图片来自克莱尔·斯波蒂斯伍德
右下图片来自罗杰·汉伦

1. 大自然中狡黠的伪装者

图 3：蚁穴里的工蚁照顾爱尔康蓝蝶毛毛虫及蚁穴中的一只蝶蛹。上图：蚁穴里的工蚁照顾爱尔康蓝蝶毛毛虫。有时同一蚁群可以照顾多个幼虫。下图：蚁穴中的一只蝶蛹。

图片来自大卫·纳什

"杜鹃鸟"或者"掠夺者"的生活方式是在两类不同的霾灰蝶中发现的，经遗传分析，估计这两类霾灰蝶大约在500万年前就已经在物种中分离了。

这时，我们可能会进一步地询问，为什么蚂蚁会把毛毛虫带回巢里并允许它们食用自己的资源或者幼虫？也就是说，为什么蚂蚁会如此有效地受到欺骗？长期以来，人们一直对许多利用蚂蚁的社会寄生体依靠化学拟态伪装进入蚁巢并保证自身安全的行为，以及蓝蝶毛毛虫伪装蚂蚁寄主化学特征的行为持怀疑态度。直到20世纪90年代末，人们才清晰地展示了蓝蝶的化学拟态伪装证据。南安普顿大学与英国陆地生态研究所的科学家们揭示了一些爱尔康蓝蝶欺骗行为的关键所在。在第一个例子中，他们发现，毛毛虫在它们的身体表面产生了一种被称为表皮碳氢化合物的化学物质，这些化学物质与蚂蚁用来识别其他工蚁及其后代的物质非常相似。接下来，他们使用小玻璃仿制品进行实验，尽管这个仿制品对蚂蚁并没有任何使用价值，但是这种用蚂蚁或者毛毛虫的化学提取物进行过处理的仿制品还是会被蚂蚁运回巢穴。此外，相较于同一地区的其他红火蚁，爱尔康蓝蝶毛毛虫所产生的化学物质更接近于特定目标蚂蚁种类所产生的化学物质。研究团队进一步用实验表明，毛毛虫的伪装有两个组成部分或者阶段。毛毛虫首先合成伪装蚂蚁气味特点的化合物，以进入蚁穴；一旦进入蚁穴，它们会利用额外的化合物，进一步完善自己的伪装。这种情况的产生可能是因为毛毛虫的身体接触了蚂蚁和蚁穴的环境，使化合物擦到了毛毛虫身上；或者是毛毛虫进一步合成的化学物质所致。高度伪装是很重要的。大概是被寄主蚂蚁发现的原因，在最初几天的整合过程中，毛毛虫更容易死亡。所以，为了欺骗蚂蚁并最终生存下来，毛毛虫有必要获得额外的保护。这个过程也可能是毛毛虫开始时伪装多种蚂蚁物种的化学组成成分，一旦被收养，它们便将化学组成成分的相似性细化到一个物种，甚至到一个种群。最终，如同许多形式的欺骗一样，毛毛虫的伪装经过蚂蚁日益增长的洞察力的选择而得到了加强——在这个例子中，就是蚂蚁需要识别出入侵者。一开始可能是对未能匹配蚁群气味特点的任何入侵者的一般防御。随着连续几代毛毛虫的气味越来越像它们定为目标的蚂蚁，工蚁就需要进化出更为精细的识别机制。这对于那些因毛毛虫而损失了虫卵或者被类似杜鹃鸟行为的毛毛虫获取了资源的小型蚁群来说，尤为重要。

毛毛虫高度伪装的结果和蚂蚁防御水平的改进能够触发一个被称为协同进化的过程，也就是说，通过一个物种特性的改变（例如，更好的拟态伪装）引起另一物种相应变化的进化（例如，更精细的防御措施）。在本书中我们将会数次遇到这个过程，特别是当我们分析鸟类的巢内寄生体现象时，如第7章中的杜鹃鸟。有时协同作用导致寄生体的专业化程度提高，因为它们必须进化出更为有效、具体的伪装，以克服寄主的防御。然而，存在的问题是，协同作用可以成功地防止其他寄主物种，甚至是生活在不同地理区域的其他寄主种群的定位，如果这个种群有不同的气味特点。在寄生体发生的地区，自然选择可能更有利于进化出新气味的蚁群。新气味可以使蚂蚁"逃离"毛毛虫的寄生，因为毛毛虫的气味不再与寄主的气味类似，因此更容易被探测出来。这种进化的"军备竞赛"在物种间的相互作用中很普遍，原因就在于欺骗方不断尝试，试图击败日益精明的目标。这些概念在爱尔康蓝蝶的例子中得到了阐明，因为"军备竞赛"导致了不同地理区域的物种间相互作用进化的多样性，不同种类的蝴蝶和蚂蚁试图超越对方，彼此朝不同的方向前进。因此，同一物种的蚂蚁种群在不同的地方生活时，它们的化学特征会发生差异，而当地的寄生毛毛虫也必然产生同样的结果。由于寄生体对当地寄主种群的伪装更加专业化，它们对其他地区蚂蚁的伪装就变得不那么有效。因此，欺骗行为的专业性可能是一把双刃剑，因为它减少了欺骗其他地区物种的机会。

化学上的拟态伪装并不是毛毛虫使用的唯一伎俩，据报道，它们也会发出类似蚂蚁的噪声和振动的声音。然而，相比于化学上的拟态伪装，这种欺骗方法以前很少会被认为是收养和整合过程中的一个重要组成部分。这有着它的合理性，众所周知，蚂蚁的化学成分在识别巢穴的同伴和入侵者时起着关键作用。但是，最近都灵大学的弗朗西斯卡·巴伯茹（Francesca Barbero）及其英国同事的研究表明，毛毛虫在蚁穴内产生的声音似乎也有着重要的作用。蚁后之所以被赋予特殊的地位并受到工蚁的保护和照顾，部分原因是它能通过制造独特的声音和振动来使唤周围的工蚁。爱尔康蓝蝶寄生在红火蚁中，其幼虫也能够发出声音和振动，并且与其他工蚁相比，它们发出的声音和振动与蚁后更为相似。这样一来，似乎这些声音能够提升毛毛虫在蚁穴中的地位，不仅被当作一个待哺育的幼体或者是工蚁，而是更像蚁后。这样能使更多的工蚁为之站岗，以保卫蚁后或者蓝蝶毛毛虫。如果说这种声音标志着特殊的地位，那么这也许可以解释为什么一些工蚁在喂养自己的幼体之前优先喂食蓝蝶毛毛虫。毛毛虫这方面的欺骗手段展现了欺骗手法中更为广泛的一方面：许多动物不仅有办法击败它们所利用的探测和识别机制，而且它们一旦成功，往往还会改进方法，以获得尽可能多的照顾和保护。一旦毛毛虫完成了化蛹成蝶的阶段，最后的阶段就是离开蚁穴并暴露身份。这时，它不再使用欺骗手法，以便于快速逃离。比如，当爱尔康蓝蝶离开蚁穴时，有时会被认出是一个入侵者，但是由于蓝蝶被很多松散的鳞片覆盖着，红火蚁无法轻松地抓住它并进行攻击。

毛毛虫利用声音求得额外照顾的事实也使我们第一次考虑到涉及欺骗行为的两个

关键过程的区别——拟态伪装和感官利用，在本书中我们将要谈及这一点。拟态伪装是一个常用术语，即使是科学家，也通常用它来描述两个物种或者两个个体在某种方式上相似的状态。例如，通过类似的着色或者气味实现的相似性。但是，这个基本观点并不完全准确，因为当一个物种已经根据自然选择伪装成另一个密切相关的物种时，观察者还是有可能会误认为它们是完全不同的对象，这时真正的拟态伪装案例就发生了。两者只是看起来一样是不够的。例如，一只捕食的鸟可能会看到一只全身有黑黄色条纹的飞行昆虫，即使这个昆虫真的是无害的食蚜蝇，鸟还是会误以为这只昆虫是令人讨厌的黄蜂。人们将其称为贝茨氏拟态，我们将在第5章了解与它相关的更多知识。在蚂蚁例子中，一只蚂蚁会错误地将毛毛虫认为是另一只蚂蚁，特别是蚁后。因此，错误的分类是拟态伪装的特征。

然而，还有许多其他因素能够解释：为什么两个物种或者刺激物会进化得越来越相似。最显而易见的原因便是趋同进化。例如，鲨鱼和海豚都依靠平滑的符合水动力学的身型来使自己在水中高效地移动。但是，很明显，这两种动物之间并没有相互伪装。相反，由于共同的生活环境的影响，它们有着相同的选择压力。感官利用是一个与欺骗行为相关的过程，在某些情况下，当不同的物种共有相同的观察者（例如相同的捕食者物种）时，感官利用会导致它们在外表上混合。初始理解时，这是一个较难以理解的概念，但是这个概念在欺骗行为的很多方面可能很重要。就蓝蝶而言，毛毛虫通过发出叫声来恳求蚂蚁给予额外的照顾，这可能是拟态伪装。但是，由于蚂蚁的感官系统和行为对某种刺激有与生俱来的偏好，毛毛虫发出的声音可能只是利用了这种"偏好"。例如，也许蚂蚁的感官系统特别擅长探测某种特定的幅度和频率的声音，并且蚁后利用这种偏好，通过产生符合蚂蚁偏好或者敏感度的声音来寻求呵护并提高其在蚁群中的地位。从理论上讲，其他声音也可能会产生同样的效果，但最有效的莫过于利用蚂蚁探测声音和振动的能力和对峰值的灵敏度。这就像许多乞求食物的雏鸟有颜色绚丽的嘴巴和独特的发声法，这些都能有效地促使它们的父母带来更多的食物。它们的精心展示激发了其父母更高的食物供给比率。在蚂蚁的巢穴里，一只毛毛虫因为发出与蚁后同出一辙的声音而从它的寄主父母那里榨取最大限度的关照，从而获益。其他的声音可能不会

1. 大自然中狡黠的伪装者

很有效地激发工蚁，从而使毛毛虫受到的关照大大缩水。在这种情况下，蚁后和毛毛虫会进化出相似的声音，这并不是因为一方从被误认为是另一方中得到好处，而是因为随着时间的推移，两者均独立地采用了一种可以引起工蚁强烈反应的特定声音。在整个过程中，工蚁并没有对这两种声音做任何区分（它们不对声音是代表"蚁后"或者"毛毛虫"进行判断），而仅仅对它们所青睐的刺激物作出反应，从而给予更悉心的照顾。如果这是真实的，那么毛毛虫其实并没有选择伪装成蚁后，以使工蚁对它产生错误的识别。

　　以上内容乍一听起来可能有些牵强，但是不计其数的研究表明，在任何能够用来利用它们的交流信号出现之前，动物的感觉系统就已经进化出了对一定刺激物（如颜色、声音或者气味）的潜在偏好。这可以简单地视为感觉系统的神经细胞连接在一起时的副产物；或者是它们在另一种环境中，处于自然选择的条件下进化得到的。例如，一些灵长类动物（包括人类）有善于探测红色物体并将这些红色物体从绿色背景中区分开来的色彩视觉能力，这种能力很可能是由在森林栖息地绿叶的掩映下寻找红彤彤、黄澄澄的成熟果实的习性慢慢演变进化而来的。在此之后，对面部的红润要求出现在很多种灵长类动物交配与统治地位交替的场合中，其部分原因好像是利用了感觉系统对红色早已存在的"偏好"。因为寻找食物十分重要，而大多灵长类动物的主要食物（成熟果实与嫩叶）通常都是红色与黄色的，所以大自然的物竞天择就将一些灵长类动物的眼睛与大脑塑造得十分善于发现红色和黄色的物体。因此，如果你可以选择一个用来吸引异性或者对手注意力的信号的话，深入了解上面的理论并把你的信号定为红色将是十分有意义的，这似乎便是进化在灵长类动物的社会信号选择中起到的作用。在动植物中，类似的信号已经进化出了可以有效利用潜在的配偶、猎物、帮忙传播花粉的传粉昆虫以及虎视眈眈的捕食者的功能，而这种功能是靠对感官系统的猛烈刺激以及对行为偏好的利用来实现的。后面我们将遇到很多类似的例子，并且会对它们进行详细的探讨。

　　在蚂蚁族群之中，相似的情况可能是因为毛毛虫和蚁后利用工蚁对一定刺激物的感官系统和行为偏好（感官利用）而发生的，或者是工蚁错把毛毛虫认成了蚁后（拟态伪装）而发生的。也许，后者的可能性更大一些。因为作为对毛毛虫和蚁后声音的反应，工蚁增强了对毛毛虫和蚁后的保护行为，这表明工蚁将二者视为同一种需要保护的对象。显然，工蚁的看护行为不仅是对它们喜爱的刺激物提高的反应，而且是在工蚁把毛毛虫误作蚁后之后作出的特殊反应。如果它们对这种声音的反应仅仅在于给予毛毛虫更多的供养，那么这可能表明这个过程主要是由感官利用参与进行的。同时，我们发现，捕食性毛毛虫也能发出类似于蚁后的声音，出乎意料的是，这种声音类似于杜鹃鸟蝴蝶物种。这再次表明，声音伪装的可能性大于感官利用的可能性，因为捕食性毛毛虫并不能从工蚁那里获取食物，而是周期性地大肆捕杀蚂蚁幼虫。在这种情况下，捕食性毛毛虫可能特别容易受到攻击，因此被误认为是蚁后可能用来获得更好的保护的策略。然而，感官利用可能常常是一个比物种之间在外观的相似性上互相伪装更为简洁的解释。事实上，一些科学家认为，它可以作为真正的伪装演化前的一种初期形式。例如，相似性最初可能是通过毛毛虫的感官利用而产生的，这有助于确保蚂蚁对它的照料，但如果蚂蚁能够区分蚁后和毛毛虫，就会导致毛毛虫开始对蚁后进行伪装。

回到毛毛虫的话题上，捕食的蓝蝶也会充分伪装寄主种群的气味，以保证自己不被攻击。然而，这些蓝蝶幼虫却过着相对隐秘的生活，它们从不公开炫耀自己的欺骗伎俩，而是在蚁穴中找一个相对安全的地方潜伏下来，定期以蚂蚁的幼体为食，直到化蛹成蝶。相比之下，像杜鹃鸟一样寄生的毛毛虫生活得更加开放，并且能够从寄主那里获得数量可观的食物与关照。一个单一的蚁穴可以容纳六倍于捕食类毛毛虫的杜鹃鸟类毛毛虫。毛毛虫的"杜鹃鸟策略"变得越来越专业，似乎在大蓝蝴蝶以及它们的近亲进化过程中独立进化了两次。成为"伪装专家"可以提高它们面对合适的寄主时的成功率。例如，据估计，爱尔康蓝蝶幼虫在它们的主要寄主的巢穴中被发现时蒙混过关的概率是被搬回其他蚂蚁物种巢穴时的30倍。所以，正如我们刚刚讨论过的那样，"杜鹃鸟类"物种"专业伪装"的价值便是如此光明正大地利用寄主的行为，它们需要自身高水平的伪装技巧，来确保与工蚁近距离接触时不会被它们察觉出。这可以迫使杜鹃鸟类寄生者不得不更严密地伪装具有某一种特点的蚂蚁物种，有效地限制它们利用其他寄主的选择。虽然捕食类物种对寄主也有针对性，但是它们对寄主的选择又不是那么明确，所以它们能够利用多种蚂蚁物种。因而，在欺骗期间，动物可能采取许多不同的路径，要么专门进化成一个或者几个物种，要么成为一个多面手，利用各类物种，但又不完全与某一个物种相匹配。

很遗憾的是，这种由蓝蝶引领的极其超前又有针对性的生活方式也成为影响蓝蝶生存的问题之一。如今，许多蓝蝶濒临灭绝，栖息地以及合适寄主的丧失是部分原因。它们高度的"专业化"可能促成了自身的灭亡。事实上，一些像杜鹃鸟一样把蛋产在其他鸟类巢穴中的鸟比那些亲自照顾自己子女的鸟更容易灭绝。欺骗与利用是一种富有成效的生活方式，但是"专业化"过程也将这些物种进化的路线指向了一个死胡同，尤其是在被利用的物种开始进行十分猛烈的反抗，而又没有发现其他可供选择的寄主的时候。

我用蓝蝶的例子作为本书的开端，部分是因为它们令人惊奇的生命历程，同时也是因为它们阐明了一些共同的主题，我们会在探讨动物的欺骗行为过程中遇到这些主题。这个例子还强调了在探讨欺骗行为时另一个十分重要的问题：人类的主观意识对于研究动物之间是如何进行交流与欺骗的这个问题来说还远远不够。蚂蚁和毛毛虫发出的声音和震动十分微妙，并且只能在蚁穴中传播几厘米的距离。我们人类的耳朵不适合捕捉它们声音的频率，所以需要专业设备来监听，并且弄清楚发生了什么。同样，我们的嗅觉过于迟钝，无法鉴别蚂蚁与蝴蝶的化学成分。我们根本不可能察觉并采用任何有意义的方法通过自己的嗅觉来分析毛毛虫伪装的程度，更不用说确定蚂蚁种群之间的差异了。然而，蚂蚁在触角上有感觉接收器，在小脑中有处理机制，能够分析其巢穴中表皮碳氢化合物的细节以及潜在的对手和威胁。它们的感官系统通过进化变得更加适应其生态环境与生活方式，同时也满足了探测化学成分微小差别的需求。蚂蚁与毛毛虫之间的"军备竞赛"处于一个我们无法察觉的程度。我们不能从自身的感受与认知来考虑欺骗行为是如何进行的，而是要从被欺骗动物的角度来进行考虑。

这不仅是因为我们的感官系统具有局限性，有时候甚至我们自己的观念都完全是错误的。蟹蛛是一种擅长守株待兔的捕食者，它们通常隐藏在花丛之中，等待一只毫无防备的传粉昆虫（如蜜蜂）进入它们的攻击范围。对于人类来说，蟹蛛每次被发现的时候，它们总是十分完美地隐藏在不同颜色的花丛背景中（基于它们可以在几天内就变换成另外一种颜色）。这似乎确实是许多靠隐藏来保证不被猎物发现的欧洲蟹蛛共有的情

图 4：澳大利亚蟹蛛。左图：在人类可以看到的光线波长下观察时蟹蛛的障眼法。右图：在紫外线下观察时蟹蛛如何鲜明地脱颖而出。

图片来自玛丽拉·博斯坦

况。然而，一些在澳大利亚被发现的蟹蛛却有着不同的故事。在人类的眼中，它们与它们的欧洲亲戚一样，能伪装成雏菊完美地隐藏在花丛中。然而，这是骗人的。首先，昆虫看待这个世界的方式通常与我们人类不同。例如，许多传粉类昆虫有着可以轻易探测出环境中的紫外光与紫外线颜色的视觉系统。这是一个十分有价值的技能，因为许多花蕊富含紫外线的信号，作为"花蜜指南"将传粉者指引到花的中心。值得注意的是，不同于欧洲蟹蛛，澳大利亚蟹蛛会在紫外线下发亮，就像黑暗中发光的灯塔一样（图4）。最初，这好像是一个怪异现象。到底为什么一个守株待兔的捕食者会把自己暴露给猎物？答案似乎是蟹蛛想要积极地引诱猎物，而不是躲避它们。

　　来自澳大利亚麦考瑞大学的阿斯特丽德·海林（Astrid Heiling）与他的同事们一同进行了一个关于蜜蜂

1. 大自然中狡黠的伪装者

与蟹蛛的实验。他们首先发现，紫外线下的蟹蛛在花丛中变得十分显眼，在蜜蜂眼中它们暴露无遗。然后，他们将一朵有蟹蛛的雏菊和一朵没有蟹蛛的雏菊呈现给蜜蜂来选择，同时记录下蜜蜂在哪朵雏菊上逗留的时间更长。出乎意料的是，蜜蜂明显地更喜欢有蟹蛛的雏菊。更重要的是，当研究者将吸收紫外线的物质用在蟹蛛身上以去掉它们的紫外线信号时，蜜蜂反而会避开那些有蟹蛛的雏菊。这个实验的另一个有趣之处在于，那些外来的蜜蜂对蟹蛛的引诱信号更为敏感。当澳大利亚本土的蜜蜂面临有蟹蛛的花朵和没有蟹蛛的花朵并进行相同的选择时，虽然一开始它们也会被蟹蛛的信号所吸引，但是却几乎不会选择有蟹蛛的雏菊，反而最终在没有蟹蛛的空雏菊上落脚。这表明澳大利亚的本地蜜蜂已经进化出了抵抗蟹蛛诱惑信号的能力，再次说明被欺骗的动物是如何通过进化应对欺骗行为的。

海林及其团队发现，蜜蜂对有高度对比性的紫外线信号有与生俱来的偏好，因为这些信号在自然界中很常见。所以，在诱捕蜜蜂时，蟹蛛的着色更多地利用了这一点。这可能是感官利用中一个很明显的例子。正如我们前面提到的那样，感官利用这种方法并不要求蜜蜂将蟹蛛错误地分类为别的东西（比如一朵花），只不过是利用蜜蜂的某种偏好，使蜜蜂所感应到的这种信号更容易刺激其感官系统。蟹蛛并非直接伪装成某种花，而是逐渐进化出一个通常使蜜蜂产生强烈反应的颜色信号。因此，我们的感知和我们解释周围世界特征的方式是我们拥有的感官系统的产物，以及它们如何对特定刺激物进行调整。虽然人类拥有高级的视觉能力，但我们实际上看不见许多事物，包括紫外线。此外，自然界中的欺骗行为发生于许多其他的感官中，像声音、振动或者化学物质等，我们在这些方面的灵敏度远差于其他物种。简而言之，我们的感官系统仅仅吸收了少量其他物种可以吸收利用的信息，而这恰恰对理解自然界中的欺骗方式很重要，因为欺骗行为经常利用动物的感觉和认知系统运行的特定方式来进行。

现代科学在理解欺骗行为及其发展方面取得了长足进步，部分原因是通过使用复杂的设备和一系列巧妙的实验更好地了解动物的感觉。然而，我们也受到一些早期进化思想和博物史学的先驱们的影响。虽然达尔文作出了重要的贡献，但是他却在我们的故事中处于次要地位，原因就在于奠定了理解欺骗行为基础的是他同时代的人，其中的领头羊便是阿尔弗雷德·罗素·华莱士（Alfred Russel Wallace）。华莱士是维多利亚时代伟大的博物历史学家和探险家，他曾在南美洲和东南亚花费大量时间旅行并收集标本，同时他还以独立于达尔文的方式得出了一个与达尔文的理论很相似但又不是很完善的基于物竞天择的进化论。此外，他还是生物地理学领域的先驱，甚至被认为是最早的生态环境保护者之一。华莱士提出了各种广泛的植物和动物的欺骗性战略并对此进行评论，研究它们为了进攻与防御是如何从伪装演变成拟态伪装的。他风趣幽默地描述了那些使用感官欺骗的物种："它们看起来像是演员或者精心装扮、涂脂抹粉的乔装者，或者像是努力冒充社会上受尊敬的知名人士的骗子。"我们将在本书中看到各种观点。引人注目的是，像华莱士这样的先驱不仅提出了书中的许多例子，而且讲述了它们进行的方式，但是在华莱士作出观察记录之后的一个多世纪里，很多欺骗行为直到最近才得到科学检验。所以，在了解了这一切以后，现在我们才能开始认真地探索动物的欺骗行为，从动物为获得食物而彼此欺骗开始。

盗贼和骗子

　　动物在生存过程中面临的主要挑战之一是获取充足的食物和营养，安然度过每一天，从而有足够的时间去繁衍后代。寻找食物需要时间，而且在寻找过程中，动物因追逐猎物所需的能量使自身也付出了昂贵的代价，更不要说被捕食者追逐或者制服、杀死猎物所需的能量。狩猎和觅食也同样带有风险。寻找食物意味着动物必须将注意力从像躲避捕食者那样的危险中转移出来，甚至只是在行进过程中避免引起不必要的注意力。这一切都意味着，在获取食物的过程中，动物在确保付出的时间、精力和风险是值得的，同时，为了维持它们付出的精力平衡而面临挑战。与之相反，一些动物则利用其他动物收集的食物或者使用欺骗性信号直接引诱猎物。

　　动物在寻找食物时，可以平衡抵消被攻击风险的一种方式是通过发出警报信号来提醒同伴危险将至。这样做可以让周围的同类更加警惕任何潜在的风险，若风险系数很高，则需要掩盖隐藏自己。这种行为能让大家都避免危险，甚至不同物种间的动物都能互相发出警报信号。例如，像知更鸟那样的小鸟发出呼叫，向其他各种鸟类报警——一个捕食者，可能是雀鹰这样的捕食者已然出现。在一开始，发出警报信号似乎显得很危险，因为这等于向捕食者暴露了自己的位置。而实际上这样做并不会造成什么损害，因为这些警报信号有不断变化的特性，使捕食者难以察觉并定位发出警报信号的鸟的位置。当鸟在筑巢时，任何在灌木丛中漫步的人可能已经注意到高亢甜美的"报警"叫声，但是却发现很难确定声音的来源。警报信号常常在群居的物种中最为复杂，尤其是哺乳动物和鸟类，每个个体轮番充当"哨兵"，留神提防危险情况，并在威胁来临之际发出警报信号。这会令群体中其余个体停止正在做的事情并寻求掩护。狐獴是一种小型的沙漠捕食者，它们的"哨兵"会站在高高的望台上，以更好地观察周围的危险情况。对周围同伴发出警报信号的好处很明显：在捕食者接近并伺机行动时，它们自己有希望逃跑，至少可以采取一些躲避行动。此外，不管是"哨兵"还是其余同伴都能从中获益，这是因为在这样的一个群体中，许多个体常常休戚与共。通过帮助其他同伴规避危险，"哨兵"也能帮助自己更好地传播物种基因。

　　然而，并不是所有动物发出的警报信号都那么值得信赖。某些物种中的个体通过盗取和利用其他物种的食物和觅食行为来使其他个体受尽苦楚，而这种行为可以通过虚假的警报信号和动物群体的逃跑行为来实现。那些发出假警报的"骗子"吓跑已经找到食物的动物，然后将食物归为己有。有人提出，鸟类可能利用虚假的警报信号哄骗其他动物。1986年，查理斯·芒恩（Charles Munn）提出，有两种亚马孙捕蝇鸟混在有"哨兵"的鸟群中，通过发出欺骗性的警报信号来偷取食物。然而，对这个例子，人们以前还不完全清楚，偷取食物是否涉及同时带有诡计的直接侵略行为。例如，那些更占优势的个体是否只是威逼利诱其他动物放弃自己的食物。因为以前没有任何一项研究表明，这些"小偷"能够为了这个目的而伪装其他物种的警报信号。几年以前，研究有了进一步的进展。

　　汤姆·弗劳尔（Tom Flower）和他的同事们研究了撒哈拉以南非洲地区一种常见的鸟类叉尾卷尾。这一物种是"偷窃寄生"的，就是说尽管它们也捕获飞虫或者地上的小蜥蜴来吃，但是这些个体也会偷食其他动物的食物。弗劳尔在其剑桥大学博士学位论文中指出，南非卡拉哈里沙漠中的叉尾卷尾用一种狡猾的方法从几种动物身上偷取食物。叉尾卷尾总是盯着其他鸟类等动物群体，像画眉以及八哥，还有狐獴。当被监视的群体发现很多食物时，叉尾卷尾立刻发出警报信号，表示附近出现了危险的捕食者。当受害者放弃猎物并逃走时，留下的叉尾卷尾会猛扑下来，将猎物据为己有。叉尾卷尾的警报声并不总是一成不变的，它总是经常伪装其盯上的目标物种的警报声（图5）。如果要偷取狐獴的食物，叉尾卷尾就伪装狐獴发出的警报声，偷取画眉的食物时伪装成画眉发出的警报声。弗劳尔现场进行实验，来演示这是如何运作的。他设置音箱，播放叉尾卷尾偷取画眉和狐獴的食物时所发出的叫声，模拟它的诡计，以此测试焦点目标群体对这些声音的反应。画眉和狐獴都被虚假的警报声迷惑，在逃跑的过程中丢掉了到手的食物。弗劳尔告诉我，更有趣的是，叉尾卷尾甚至向人类发出假的警报信号。有一次，叉尾卷尾发出了白眉织雀的叫声，这让他两岁的女儿把喂给其他鸟的虫子扔到地上，然后叉尾卷尾就猛扑下来抢夺它。

偷窃寄生是叉尾卷尾寻找食物的重要来源，得到的食物约占其饮食量的四分之一。这种做法使它们扩大了饮食范围，可以偷走更多地上的食物，这是它们以其他方式可能会难以获得的，因为其他物种可以挖到地里底层埋得很深的猎物。弗劳尔和其他研究者都证实，偷取食物的成功率取决于时间和天气。例如，在早晨以及寒冷的日子（卡拉哈里的早晨可能会低于−10 ℃）偷窃寄生更有价值，此时叉尾卷尾更难以直接捕获猎物，因为此时的猎物往往不太活跃，并且经常躲起来。相反，叉尾卷尾仍旧可以翻找与偷盗其他物种的猎物并直接把它们挖出来。那么，问题是为什么叉尾卷尾不只是通过偷窃获得它们所需的所有的食物，而仍然要自行寻找猎物呢？其中一个原因是：偷取猎物受时间和成本的限制，尤其是等待其他物种发现食物然后试图偷取食物比自己觅食的不确定性更大，而后者是在叉尾卷尾的可控制范围内。此外，目标物种还具有侵略性，常常会对叉尾卷尾进行反击，这就导致叉尾卷尾会增加能量消耗，甚至还会有受伤的风险。因此，混合策略看来是最好的选择。

为何单纯地伪装警报声以及偷窃寄生不太可能是最佳选择？另外一个原因是：叉尾卷尾不仅发出虚假的警报信号，有时候当真正的捕食者来临时，它们会发出真实的呼叫。如果它们的欺骗战略想要长久地实施，这一点是至关重要的，因为如果所有叉尾卷尾的警报信号都是虚假的，那么被其偷窃的物种就会停止作出反应，只会对其视而不

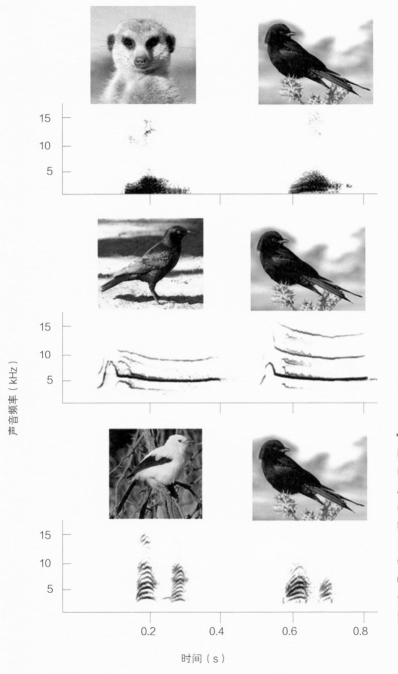

声音频率（kHz）

时间（s）

图 5：叉尾卷尾不同的虚假警报。叉尾卷尾通过伪装目标物种的警报声，包括狐獴、八哥以及画眉，以便偷取它们的食物。对于每个物种的呼叫声，叉尾卷尾都能在频率和时长上做到极为相似。

图片和数据来自汤姆·弗劳尔

见。如果没有一些真实的警报来引起被偷窃物种充分的怀疑，怀疑自己是否真的面临威胁，那么这个系统就会崩溃。那么，需要多大比例的警报具有真实性，才能使虚假的警报得以发挥作用？这不是一个简单的问题，因为目标个体不正确回应的相对成本和收益是不同的，这取决于警报是否真实。此外，随着时间的推移，我们认为动物个体可以利用经验来确定如何回应。在这种拟态伪装的案例中，欺骗的成功与否往往取决于被复制的模型刺激物的相对频率。来设想这样一种情形：叉尾卷尾95%的警报都是虚假的，不存在捕食者的威胁。目标个体可以怀着高度的自信心忽略这些带有高度欺骗性的警报，因为它们是虚假的。事实上，如果每一次它们都对这些警报作出回应，它们便会一直失去自己的食物。相比之下，如果叉尾卷尾发出50%的真实的警报，那么目标个体就会对警报的真实性非常不确定，因为有真正危险的可能性占50%，有一半的警报是需要引起注意的。如果叉尾卷尾发出足够多的真实警报，那么受害者则需要引起注意，因为捕食者可能就在周围。这种情况被称为频率依赖关系，它被认为在许多类型的拟态伪装中十分常见。当既定策略的相对成本或者收益取决于与潜在替代方案相比的相对频率时，就会出现这种情况。在这种情况下，伪装的刺激物（这里是一个虚假的警报）与模型（真正的警报）相比不能太常见，否则它将变得没有效果。事实上，所有的事情都是平等的，我们经常期望拟态伪装比模型更稀少。然而，一系列其他因素影响了动态发展，包括造成一次错误的成本和收益，对此我们稍后会有介绍。

就叉尾卷尾而言，实际情况更为复杂。它们除了伪装真实的或者虚假的警报之外，也会发出属于自己物种的警报声。其中一些是真实的，一些是伪装不同物种的警报信号，这样使用几种不同的警报方式，可以让一些个体在叉尾卷尾的欺骗行为面前保持警惕。迫使目标物种（例如狐獴或者画眉）记住更多的警报声，也许有助于降低它们学着忽视叉尾卷尾的可能性；如果叉尾卷尾总是用同样的假警报，那么目标物种可能会迅速地忽视它们。与之一致的是，当叉尾卷尾盯上一个群体后，它们会在不同种类的警报声中来回切换。因此，在警报声中学习伪装这个方面，叉尾卷尾是个很老练的物种，因为它们熟练地掌握了各种警报声。例如，当食蚜蝇伪装黄蜂时，其外表在一生中是固定不变的，因此伪装者与其模型（食蚜蝇和黄蜂）之间发生关系的频率处于

2. 盗贼和骗子

种群的层次。相比之下，每个叉尾卷尾都可以既是（几种不同物种的）伪装者，又可以根据情况发出真实的信号。所以，它欺骗目标物种以及这些目标物种被欺骗的频率在短时间内是一种动态状况。

我们猜测目标物种继续回应叉尾卷尾虚假警报的另一个原因是：即使虚假警报十分常见，回应不知真假的警报声在成本和收益上也是不对称的。听到假警报并迅速逃走的成本是使其丢失食物，但是未能回应一个真实的警报声可能会导致自己死亡。因为忽视一个真实的警报的潜在成本远远大于对虚假警报的回应，所以我们可以想到为什么目标物种会因过分小心而犯错误。实际上，所有这一切都证明，一个物种是否应该对叉尾卷尾的欺骗行为作出回应，可以归结为对不同警报类型的成本及收益进行计算的复杂方程式，以及一段时间内真假警报的相对频率。除了叉尾卷尾之外，其他鸟类，尤其是欧亚松鸦，也被认为可以使用虚假的警报来偷取食物，然而我们还不清楚这种行为的普遍程度。

叉尾卷尾虽然通过窃取食物使其他动物付出代价，但是至少它们不直接攻击其他动物，这比其他"骗子"要好很多。这种情况出现在另一种合作行为中，也是一种利用关系：清洁鱼与它们的"主顾"之间的互惠共生关系。清洁鱼通常为那些较大的需要清除外部寄生虫和黏液的鱼工作。"主顾"身上的寄生虫被清除了，而清洁鱼也得到了食物，双方互惠互利。清洁鱼通常有着黄色和蓝色的着色，与珊瑚礁以及海水的颜色对比鲜明，方便"主顾"辨别并探测到它们。然而，来自印度太平洋珊瑚礁的横口鳚并不如此。它们伪装成清洁鱼的外表，例如蓝色条纹清洁濑鱼（裂唇鱼），如其名称所示，在它身体侧面有明亮的蓝色条纹。横口鳚伺机等待各种物种的"主顾"足够接近时，便向它们冲去并从这些受害者身上咬下一大块肉（图6）。这是一种称为侵略性拟态伪装（华莱士术语）的欺骗行为，其中一种危险的物种如捕食者，为了欺骗第三方（即"主顾"），便将外表伪装得看似无害甚至有益。有侵略性的伪装者经常利用物种间基于合作的互惠共生关系，如清洁鱼和它的"主顾"。与之相反，从其拟态伪装获得保护的动物，像我们将在第5章中讨论的食蚜蝇，通常会利用敌对互动，一方受益另一方则付出代价。这种情况经常发生在捕食者和猎物之间，结果不是猎物死亡就是捕食者失去食物。昆士兰大学的卡伦·切尼（Karen Cheney）、东安格利亚大学的伊莎贝尔·科特（Isabelle Côté）以及

图6：横口鳚的侵略性拟
态。左上图：一条成长期的
裂唇鱼正在去除一条"光
顾"的鱼的外部寄生虫和黏
液。左下图：横口鳚伪装成
清洁鱼的外表。右上、中
图：横口鳚也可以通过改变
颜色来改变其外表，有时也
可以伪装其他的鱼类。右下
图：横口鳚颚的顶部和底部
有一排牙齿，尖锐的牙齿消
失在眼睛后面的腔中。这些
牙齿是用来攻击还是防御
的，目前尚不清楚。

　　图片来自卡伦·切尼

其同事们详细地研究了横口鳚和清洁鱼的动态变化，其中
包括潜水期间在现场进行的观察性工作以及把鱼带回实
验室在水族馆进行的控制性实验。他们发现了很多关于
这个系统运行方式的信息，包括与叉尾卷尾及其目标的
动态变化的相似之处。

　　横口鳚的外表并非一成不变，它可以在大约半小时的
时间内快速改变身体的颜色，这样做可以调整其伪装的性
质。虽然颜色变化可能看起来是一种特异功能，但是，从
乌贼和螃蟹再到变色龙和青蛙，实际上这种情况在自然界
普遍存在，在许多鱼群中也十分常见。在横口鳚中，颜色
的变化与叉尾卷尾发出的不同警报声类似，这使它们有可

2. 盗贼和骗子

选择的策略。例如，它们可以采用与清洁鱼完全不同的颜色和图案，这使得它们能够在受到攻击时因与珊瑚礁颜色相似而与之混为一体。换句话说，将横口鳚放置到不同的情形中，当不同的鱼群围绕在它们周围时，它们会改变颜色，它们选择何种外表是由它们想要伪装的特定鱼群决定的。也就是说，当清洁鱼出现时，横口鳚会转而伪装清洁鱼的颜色，然后在清洁鱼离开时便变成另一番模样。这种变化通常由身体中称为色素（这在许多动物体内都能找到）的特殊细胞来实现。这些细胞的作用就像小包的颜料，通过神经元或者激素控制来打开或者关闭。当细胞扩散时，它们将颜料分散在身体中，这样如果颜料是黑色的，则动物变暗。当着色体收缩时，效果相反，颜料被吸收并变回原来的颜色。在鱼类中，不同的物种使用着色体细胞给用于交流的信号着色，或者将伪装的色彩混入环境中。

如前所述，横口鳚的例子与叉尾卷尾不同，因为叉尾卷尾利用了一个系统，因此被它们欺骗的那些生物不得不提防一种具有威胁性的生物（捕食者），而横口鳚利用了这样一种关系：被它们欺骗的鱼提防对自身有利的物种（清洁鱼）。然而，如叉尾卷尾一样，横口鳚的成功受相对频率的影响，在这种情况下就是它们欺骗的物种（"主顾"）和它们伪装的物种（真正的清洁者）之间的对比。切尼和科特发现，当与真正的清洁鱼相比，横口鳚比较少见并且周围有很多潜在的受害者时，它们的攻击更容易成功。这种情况符合依赖于频率的预测，因为对于想要成功的侵略性伪装者而言，与模型相比，它们不能太常见，否则受害者将很快学会躲避它们，会在接近潜在的清洁鱼时更加谨慎，并且会更快地采取回避行动。对潜在的受害者而言，横口鳚比较少见，那么相同的受害者将会遇到频繁攻击的可能性也降低了，否则就会提高它们对横口鳚的警惕性。

横口鳚不仅对它们攻击的鱼来说成本非常高昂，对真正的清洁鱼也是如此。当横口鳚出现时，与它们不在场时相比，造访裂唇鱼的"主顾"会减少约40%。"主顾"可以学会避免将清洁鱼与横口鳚联系在一起，甚至避开它们曾从横口鳚那里有过糟糕经历的地方。这意味着清洁鱼的"主顾"减少了，获得的食物也少了。"主顾"光顾清洁鱼的利益也会影响三方的关系。比如有一个"主顾"是橘钝宽刻齿雀鲷类鱼，当它的个体受很多寄生虫侵扰时，它更有可能会寻求清洁鱼的帮助，因此更多的时候是通过清洁鱼将其清除。然而，这也使它更容易受到横口鳚的伤害：当雀鲷类鱼有更多的寄生虫时，横口鳚攻击的成功率会更大。"主顾"根据寻求帮助的潜在风险和收益作出反应。当"主顾"感知到横口鳚极为罕见，而自身又有更多需要清除的寄生虫时，它就会放松警惕，更为急切地寻求帮助。相反，如果它身上的寄生虫很少而横口鳚又很常见时，"主顾"就不敢靠近或者会到别处去寻求帮助。

鱼类攻击受害者的欺骗行为并不局限于伪装成清洁鱼。其他的鱼类会使用不同的、更为怪异的方式。其中最不寻常的是雪茄鲨，它们会从很多游动速度极快的鱼类身上咬下肉来，像金枪鱼、剑鱼甚至大型海洋哺乳动物（如海豚）。雪茄鲨是一种热带小型鲨物种，游动速度缓慢，出没于深海区域，夜晚常游到水域表面。它在身体的下侧产生绿色的生物发光信号，以研究生物发光而闻名的伊迪丝·维德（Edith Widder）认为，这样的形态是伪装了小型鱼的外表或者轮廓。当捕食者从水域下面的背光处往上看时，许多海洋生物的轮廓看起来都是黑暗却又清晰可见的。很多其他物种也会从身体下方发光，它们经常与下方涌动的光谱相匹配，用一种被称为"反照明"的伪装来隐藏自己。有趣的是，雪茄鲨的身体下方有一个区域，在喉咙和鱼鳃的周围有一个有点像领子一样的东西，也呈黑色，但是在这里却没有发现如它身体的其他部位一样的发光器官。维德提出，这种黑色斑块从上面反射下方涌动的光的大致背景，创造出一种猎物的轮廓形状，而生物体的发光隐藏了鲨鱼自身的其余部分。雪茄鲨可以使用这些欺骗性的形状来吸引潜在的捕食者，而那时就是雪茄鲨攻击的机会。雪茄鲨的下颚齿呈不同寻常的锯齿形状，嘴唇像一个吸盘一样，能吸附在一个物体表面（比如一条鱼）上并咬破它的皮肤。当受害者经过时，雪茄鲨迅速锁定它并围绕在它周围，从它身上扯下一块肉来。雪茄鲨显然已形成多个个体聚集的群体，这样从下面看的时候，它们就能通过形成小鱼鱼群的外观来提高捕食的效果。虽然没有直接的证据表明这个对雪茄鲨捕食方式的描述是准确的，但是它却与受害者身上缺少的如弹坑似的大块肌肉以及雪茄鲨胃里发现的相似形状的大块肌肉一致。雪茄鲨总是将目标瞄准那些体格巨大且移动迅速的捕食者，那它们自己为什么不会受到攻击呢？维德表示，答案可能在于它们的集群行为。如果雪茄鲨被攻击，那么捕食者会遭受其余多个群体成员的严重伤害，维德将之描述为"像一群黄

2. 盗贼和骗子

蜂一样造型优美"。

在继续研究动物如何欺骗其他物种以偷取食物或者攻击它们之前，还有另外一个例子非常有趣，值得探讨，部分原因在于它涉及欺骗的几个方面和使其可行的一系列复杂事件。斑蝥分布广泛，包括在美国西南部一带。这一物种的幼虫孵化后会协作形成一个黑色的群体，有时甚至有多达2 000只幼虫聚集在植物的茎上（图7）。这看起来可能很奇怪，但是它们的"目标"是吸引一只独栖的雄性蜜蜂。当它光顾并细致地检查幼虫的群落时，仿佛是对雌性蜜蜂的存在作出反应，这些幼虫就会移到它的背部。这一过程是在几秒之内迅速发生的。之后，当雄性蜜蜂与雌性蜜蜂交配时，幼虫便会从雄性蜜蜂的背部跳下，爬到雌性蜜蜂身上。只有在那时，幼虫的邪恶用心才昭然若揭：雌性蜜蜂将这些幼虫带回蜂巢，幼虫便在蜂巢里以花蜜、花粉和蜜蜂的卵为食。

那么这些幼虫是如何实现这一目标的？尤其是最初它们是如何迈出了"爬到雄性蜜蜂的身上"这重要的一步的呢？首先，植物上的幼虫蜷成的球好像伪装成了另一只蜜蜂的外表，这样雄性蜜蜂会让幼虫跳到它的背上，试图与之进行交配。在人的肉眼看来，这个幼虫群体并不怎么像蜜蜂，它的伪装水平并不高超。然而，雄性蜜蜂还是将其误认为是同类，很重要的一个原因是：虽然许多蜜蜂具有良好的色觉，但是像其他昆虫一样，它们的复眼的空间分辨率较差，特别是从远处看的时候。无脊椎动物的复眼由数百或者数千个晶体或者晶面组成，每个晶面所指的方向都有细微的差别，它们收集的图像就像是由视觉系统集合产生的一个低像素图像。虽然这个场景是由一千多个图像组成的，但是大多数复眼仍然不能分辨远距离场景的形状和图案细节。因此，当受骗动物的感官能力不强时，也就不需要伪装得一模一样了。虽然如此，绝大多数雄性蜜蜂不会去尝试与其他雄性蜜蜂交配，或者试图与它们发现的任何又旧又黑的圆形物体交配，所以其中必然有什么东西使雄性蜜蜂被欺骗了。事实确实如此。加利福尼亚大学戴维斯分校的莱斯利·索尔-杰森兹（Leslie Saul-Gershenz）及其同事在美国莫哈韦国家保护研究所研究了斑蝥。他们发现，雄性蜜蜂经常从下风处接近幼虫，好像是因追随一些化学物质发出的信号才会这么做。接下来，他们进行了相关实验，给雄性蜜蜂展现了人造的幼虫聚集模型，这些模型分别加入或者未加入提取的幼虫化学物质（或者仅仅是粉碎的幼

图 7：斑蝥幼虫进攻性的蜜蜂拟态伪装。上图：幼虫聚集的群体伪装成一只雌性蜜蜂，在植物的茎上蜷成一个球，以此吸引雄性蜜蜂。中、下图：当雄性蜜蜂接近时，这些幼虫迅速爬到它的背上。随后，当雄性蜜蜂与雌性蜜蜂交配时，幼虫便移到雌性蜜蜂的背上，被雌性蜜蜂带回蜂巢。

图片来自莱斯利·索尔－杰森兹

2. 盗贼和骗子

虫），如图8所示。实验表明，与没有化学物质的模型相比，雄性蜜蜂更有可能接近有化学物质的模型。除此之外，幼虫的化学物质也与雌性蜜蜂的性信息素极为匹配。

斑蚤是一个多样化的群体，全球分布，有多达2 500个种类。虽然它们的生物机理还未得到广泛的研究，但是它们大部分被认为寄生于蜜蜂，是蜂卵的捕食者，而且它们还常寄生在少数的寄主身上，并利用成年蜜蜂将它们运回寄主的巢穴。虽然这一切发生的方式在大部分物种中依旧未知，但是幼虫聚集体的出现与之前描述的情况相似，其中雄性蜜蜂试图与之交配，而且雌性信息素的拟态伪装的潜在发生也至少在一个欧洲物种中得到了描述。因此，可能多种斑蚤幼虫都是通过与特定受害者的化学物质（在较少程度上是视觉外观）十分相似来引诱受害者的。

本章将以被欺骗动物成本增加的讨论来结束，这导致它们受捕食者的欺骗而死亡。有一个例子与本章前面所述的横口鳚有很多相似之处。灰鲷鱼（棕拟雀鲷）是在印度洋—太平洋地区发现的一种小型捕食性珊瑚鱼，与其他鱼群特别是雀鲷（雀鲷属）有交集，会攻击吞噬幼鱼群。而灰鲷鱼面临的问题是，雀鲷鱼种可以变换肤色，包括黄色或者深棕色（根据不同的珊瑚背景为自身提供保护色）。鉴于此，灰鲷鱼是如何有效地分辨它们周围的雀鲷鱼群并防止雀鲷鱼注意到它们的呢？巴塞尔大学的法比奥·科尔蒂斯（Fabio Cortesi）和他的同事们，尤其是昆士兰大学［包括卡伦·切尼（Karen Cheney）］

图 8：真正的斑蚤幼虫（左图）和由铝制成的棕色模型（右图）。实验表明，当加入幼虫的气味时，该模型也能够吸引蜜蜂；但是若不加入气味，模型就不能吸引蜜蜂。

图片来自莱斯利·索尔－杰森兹

的研究者，最近从研究中得出了答案。他们制作了不同颜色的珊瑚礁实验区域，研究发现，当把灰鲷鱼放置在一群雀鲷鱼中间时，灰鲷鱼在两周的时间内就改变了肤色，以匹配与它们有交集的雀鲷鱼（棕色或者黄色）的外表（图9）。

然而，当团队改变了珊瑚礁的背景颜色时，灰鲷鱼的颜色却并未发生变化，这表明灰鲷鱼的颜色变化是根据其目标鱼而不是背景的外观。科尔蒂斯及其同事还分析了灰鲷鱼的细胞结构，以调查它们改变外表的方式。他们分析了含有不同彩色颜料的色素细胞的外表，发现与棕色灰鲷鱼相比，黄色灰鲷鱼体内的黄色色素细胞和黑色色素细胞的比例更高（图10）。

这种颜色变化为灰鲷鱼提供了一种优势，因为当灰鲷鱼的颜色与成年雀鲷鱼的着色

图9：灰鲷鱼伪装不同雀鲷鱼物种的着色，以便在攻击雀鲷鱼的幼鱼时不被注意。上图显示出黄色雀鲷鱼与下面的灰鲷鱼颜色一样。下图显示出一条棕色雀鲷鱼在一条伪装的灰鲷鱼的下面。

图片来自卡伦·切尼

2. 盗贼和骗子

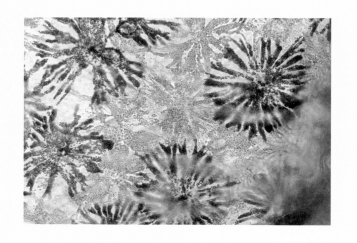

图 10：一条深色灰鲷鱼的色素细胞。这表明含黄色素的细胞（黄色素细胞）和含黑色素的细胞（黑色素细胞）的比例是相对的。随着时间的变化，当灰鲷鱼改变自身颜色时，色素也会改变相关的比率。比例尺 =100 μm。

图片来自法比奥·科尔蒂斯

相配时，灰鲷鱼成功捕获幼年雀鲷鱼的概率就大。虽然我们不知道这种情况发生的具体原因，但是也许只是因为当周围没有明显的捕食者的迹象时，雀鲷鱼就放松了警惕，对威胁不太警觉。最后，灰鲷鱼还从它们的这种欺骗行为中得到了额外的好处。由于雀鲷鱼在出现时会身着"迷彩服"，与其周围的环境混杂在一起，因此伪装成它们的灰鲷鱼，自身被捕食者发现的可能性也变小了。

与拟态伪装不同的是，保护色通常要以某种方式融入周围的环境，比如飞蛾要伪装成树干的颜色和图案，避免被鸟察觉并吃掉。我们会在第4章详细讨论这种猎物的自卫方式。不过，尽管人们对此还未进行很多研究，但是许多捕食者也会依靠保护色去悄悄靠近毫不知情的猎物，或者潜伏在一边，等着猎物自己上钩。这种捕猎行为可能涉及与周围环境的大致特点相匹配，或者对特定的物体进行更为复杂的伪装。也许最广为人知的捕食者是独居的大型猫科动物，如老虎和豹子，它们能以悄无声息的步伐、不显眼的颜色和图案靠近猎物并将其捕杀。20世纪70年代的著作首先记载了一些最早使用图像分析技术来量化哺乳动物的特征，如它们的大小及其与环境的差异度，以及它们与各种环境特征之间的相似度。研究表明，老虎的特征的构成因素，比如与环境的差异度、体型的大小、虎纹的密度，以及可以很快融入周围环境并能以保护色伪装起来的能力等，使得老虎的动作敏捷，可以悄悄地靠近猎物，直到最后一刻都不会被发现。最近，有更多的研究表明，许多其他猫科动物与老虎的这种情况也很相似。

与大型猫科动物类似的无脊椎动物是跳蛛，这些蜘蛛也经常偷偷地捕食。尽管它们的体型很小，但是天生有大大的眼睛和良好的视力来偷偷地接近猎物。我们在第3章中将遇到一些蜘蛛物种，如波西亚蜘蛛，能与碎石和植被相似，以使自己隐身于猎物，其他蜘蛛也有类似的特征。波西亚蜘蛛甚至可以用慢节奏的摇摆动作来帮助自己融入在风中摇曳的植被背景。像很多大型猫科动物一样，当猎物转向它们的时候，它们也会停下来静止不动，因为运动会向那些想要躲藏的动物泄露自己的行踪。

通过潜行来接近猎物并依靠保护色进行伪装是广泛而有效的捕食方式，但是这在很大程度上要靠运气。捕食者想要捕获猎物而不被察觉，必须迅速移到猎物的旁边，或者只是埋伏着，等待猎物到达合适的距离内。跳蛛的另一个选择是直接伪装成自然环境中容易吸引猎物的其他什么东西，这是侵略性拟态伪装的另一种方式。而这正是螳螂采用的一些策略，这些外表奇异的昆虫以快速捕猎的行为和出众的捕食策略而闻名。一直以来，人们认为马来西亚热带森林中一种虽然难以捕获但是却得到广泛探讨的兰花螳螂伪装成了白色和粉红色的花朵，它们的腿部有花瓣状的延伸部分，身体的形状也像花瓣（图11）。兰花螳螂等待毫无戒心的蜜蜂和其他传粉昆虫向它们飞来。这一物种已闻名良久，华莱士在1877年回顾了兰花螳螂可能会如何伪装成花朵来捕获猎物：

> 查尔斯·迪尔克爵士告诉了我最近一次观察结果以及这些保护措施的相似性最为奇妙的地方。他展示了爪哇[1]的一种粉红色螳螂，它在休息的时候就宛如一朵粉红色的兰花。螳螂是一种肉食性昆虫，它埋伏着，伺机等待它的猎物。由于它与花朵极为相似，因此很容易吸引它想捕获的昆虫。据说这种螳螂尤其以蝴蝶为食，所以它实际上就是个活陷阱，自己就是诱饵！

然而，人们直到最近才发现这是基于人类的视觉和未经科学实验检验的传闻。这种

---

[1]爪哇是印度尼西亚的一个岛屿，不是上文所提及的马来西亚国土。此处原文如此，或为作者手误。——编辑注

2. 盗贼和骗子

谨慎是必要的，兰花螳螂看起来像花瓣的原因有两个其实并不相互排斥的解释：它可能只是伪装花瓣的颜色，所以在植物上降落的猎物根本没有察觉到它的存在；或者它只是伪装自己或者伪装花朵来避开捕食者，而不是吸引猎物。然而，如果兰花螳螂是专门伪装花朵来主动地吸引昆虫，那么我们可以进行一些预测。首先，兰花螳螂应当与花朵的颜色和形状一致。其次，如果只是伪装，它们应该引来更多的猎物，而不仅仅是停留在猎物附近，因为如果是这样，猎物应该被它们吸引。最后，即使它们并不是在一朵花上，也应该吸引猎物。对于后一种假设，就要证明兰花螳螂的确伪装了一种真实的物体——花朵，而不是简单地隐藏在它上面。为了解决这些问题和预测，来自澳大利亚麦

图 11：兰花螳螂。兰花螳螂会攻击胆敢靠近它的飞行猎物。右图是它捕捉到了一只昆虫。

图片来自詹姆斯·欧汉伦

考瑞大学的詹姆斯·欧汉伦（James O'Hanlon）在博士论文中对这个令人困惑的物种进行了研究，同时与几个同事检验了它的拟态伪装。

　　首先，欧汉伦及其同事从马来西亚的私人昆虫饲养员那里抓住了兰花螳螂（在野外很难找到它们），以及一种在野外生长的花，众所周知，兰花螳螂会出现在这种花上。然后，他们用一台光谱仪测量了花朵相对于兰花螳螂对光的折射率。光谱仪显示出一个物体的表面折射出多少种不同的波长。简而言之，如果两个物体的颜色相近，它们反射的光谱应该十分相似。实际上，说它们相似也没有那么简单，问题的关键在于我们讨论的动物（在这个例子中是指传粉昆虫／猎物）在那些光谱刺激了它们的视觉系统后如何反应，以及它们能否把那些光谱区别开来。因此，欧汉伦和他的同事运用了一项早已广泛使用的模型来测试动物的视觉。该模型使用测量到的反射光谱来估测动物看一个物体时眼睛中不同细胞（感光体）的反应。举例来说，与其他的锥体细胞相比，富含较长的波长光线的反射光谱更能刺激我们的长波（或者"红色"）敏感锥细胞，使得我们可以看到红色。当两个物体（例如兰花螳螂和野花）之间的受体刺激模式非常相似时，模型预示着视觉系统会无法将这两个物体区分开来。该团队使用了蜜蜂视觉的模型，发现蜜蜂的视觉模型可以看到中波（"绿色"）、短波（"蓝色"）和短波的紫外线。选择这个物种的视觉系统的原因在于：就光的可见度和可区分度而言（与人类可以看到长波"红"光而看不到紫外线波长的特点不同），蜜蜂的视觉系统通常被认为是许多其他潜在昆虫猎物的颜色视觉的代表。该模型表明，对于潜在的猎物来说，很难分辨兰花螳螂的颜色和环境中许多花朵的颜色。人们还不清楚究竟是兰花螳螂与某个特别的花朵相似，还是在广泛地伪装多个物种，但是对有可能成为被伪装花朵的颜色和形状的分析表明，后者的可能性更大。事实上，后者似乎是一个更为成功的方法，因为单独伪装一个花种需要高度的专业化，并且只有在那种花很常见的地方才能奏效。

　　接下来，欧汉伦观察了昆虫访问螳螂的频率，并与自然界中真正的花朵相对比。为了完成这一实验，他将一些木杆立在地上，在不同的木杆顶部分别放上真正的花朵、兰花螳螂，以及对照组（什么都不放）。然后，他观察每一个样本，记录在1小时内有多少昆虫光顾它们。结果清楚地显示：包括蜜蜂、苍蝇和蝴蝶在内的传粉昆虫光顾兰花螳螂的次数远远多于光秃秃的树枝，也多于它们光顾真正花朵的次数。在实验中，兰花螳螂有两次甚至成功地抓住了猎物。因此，兰花螳螂不仅看起来像一些花，而且即使它们没有真正地在花的上面也会吸引猎物，这表明它们的外表不仅是伪装，更是一种真正的侵略性伪装。传粉昆虫发现了兰花螳螂的存在（不像依靠于避免被发现的多数保护色的形式），但是将其误认为是某种花朵。

　　欧汉伦还进行了另一个实验，一切似乎都非常明显。在那个实验中，他用黏土制作了不同形状和颜色的假兰花螳螂，同时测量猎物被它们吸引的情况（图12）。他发现，正如预期的那样，白色模型（像真正的兰花螳螂）的猎物拦截率高于棕色模型。然而，相比之下，移除被认为是伪装花瓣的假螳螂平坦的腿部结构或者把假螳螂的腿方向换到一个不自然的位置并不影响猎物的到访率。欧汉伦对这一点进行了解释，他认为兰花螳螂吸引昆虫的原因并不仅基于它能伪装真正的花朵，而且还利用了传粉昆虫在其环境中对某些颜色的物体有偏好这一特性，这是我们前面已经提到过的称为感官利用的过程。伪装和感官利用之间的区别很微妙，但是在真正伪装的情况下，一个物体会被观察者识别为错误的对象类型。也就是说，传粉昆虫看见了螳螂，却认定它是花，而不是昆虫。在感官利用中，不需要这种（错误）分类的过程。由于某些动物的感官（或者认知）系统对某些特征特别敏感，因此一些被刺激物吸引的动物就很容易被利用。在绿色植被的映衬下，传粉昆虫的视觉系统可能对白色物体的反应更为灵敏，并且会有行为反应去检查这些刺激物，而不至于将其视为某种特别的物体。稍后，我们会很快地再次回到伪装和感官利用的问题，但是现在可以合理地说，尽管我们凭直觉来看，兰花螳螂是在伪装真正的花朵，但是这可能不太准确。如果这不是伪装的话，那么为什么兰花螳螂会和花朵有如此相似的外形，人们目前对此还不太清楚。但是，这可能只是增加兰花螳螂的表面面积从而提高它被察觉的可能性，或者当伪装发生在近距离时，昆虫能更好地分析兰花螳螂与花朵的形状和图案，并且能够将两者区别开来。也就是说，最初兰花螳螂的吸引力可能是猎物对显眼的和白色物体偏好的感官利用发挥了作用，但是在近距离范围内，兰花螳螂的具体形态可以直接伪装成花。

　　因此，动物使用了各种欺骗性的手段——从感官利用到伪装和保护色——去偷取食

物，攻击受害者，甚至捕获猎物。这些系统的动态变化以及它们发挥作用的方式通常反映了一组复杂交互作用，以及随着时间的推移涉及的每位参与者的相对数量。在某些情况下，动物采取的欺骗性策略可以根据当前的形势快速改变，包括颜色的变化和使用不同类型的警报声。这可以使它们能够利用更为广泛的受害者，甚至战胜了许多受害者所依赖的、使自己因被欺骗而付出的成本最小化的防御措施。本章的大部分内容探讨了这些动物"骗子"如何通过伪装或者通过混入环境来获取食物或者捕获猎物。然而，从许多方面来看，这都只是冰山一角。在第3章中，我们将会更加深入地讨论捕食者（特别是蜘蛛）直接引诱猎物的各种狡猾的方式。

早早被诱入坟 | 3

　　我们在第2章中谈到，动物从他处偷取食物或者躲避猎物的许多方法都十分复杂，但是为了捕捉猎物，它们也会采取更阴险的方法。一些动物甚至是植物，都会主动引诱走近它们的猎物。它们会通过模仿猎物在栖息地十分熟悉的颜色、气味或者声音来诱惑它们，以此哄骗它们的猎物，令其感到有希望获得食物奖赏，而不是被杀死吃掉。本章是关于动物如何通过显眼却极具欺骗性的沟通信号肆意诱惑猎物的，其中通常还涉及攻击性的拟态伪装。在本章中，我们会看到虽然以这种方法引诱猎物的捕食者各种各样，但蜘蛛却极其擅长于此。

　　众所周知，许多蜘蛛会通过编织各种错综复杂的蜘蛛网来拦截飞行的猎物。事实上，通常我们遇到的蜘蛛是坐在横亘于植被与其他物体之间的大网之中的。用于编织蜘蛛网的丝既有弹性又十分结实，是一种显著的进化创新。蜘蛛用网来捕获猎物并通过受害者在尝试挣脱网时产生的震动来收集网中所捕获猎物的类型、大小等信息。蜘蛛网也用于传递两只蜘蛛之间的信息。许多雄性蜘蛛还会以一种很有特点的模式弹震蜘蛛网，以吸引雌性蜘蛛与它们交配，而不是吃掉它们。

据此，我们可以作出假设，大多数蜘蛛网能够拦截猎物的原因是：这些猎物基本上看不见或者没有注意到蜘蛛网的存在。事实上，在进行野外调查的过程中，我已经记不清有多少次我的头误入那些巨大的蜘蛛网中，所以很容易想到，许多猎物也是因为没有注意到那些蜘蛛网才会在不知不觉中直直地飞入了网中。蜘蛛与其他捕食者相同，都是在攻击之前等待猎物接近。然而，织造几乎看不见的网和等待猎物自己送上门来都效率较低且具有偶然性。那么，蜘蛛可以做些什么来提高蜘蛛网的猎物拦截率呢？事实上，蜘蛛对此确实有很多策略。

首先，无数擅长织网的蜘蛛会利用视觉信号诱惑猎物。至少有22种不同的属的蜘蛛会积极地在它们的网中加强结构，这些结构通常被称为"装饰物"。这些"装饰物"由一系列的材料组成，包括死去的猎物的尸体、卵囊和其他岩屑，当然还有各种丝质结构。这些丝质结构通常呈线形或者呈"之"字形，在织造的过程中，要么是从网的顶部到底部的一条直线，要么就是以"十"字形织造，并且在同一水平线上的4条线以45°对角穿过蜘蛛网。从理论上讲，像这样的蜘蛛网装饰物本应有许多潜在的功能，比如既能够为网提供结构性支撑，又能够防止鸟类飞过并破坏网，从而使网变得显眼。然而，有证据显示，这些丝质装饰物最常用于诱捕猎物。一般来说，金蛛属（全球大约有80种）蜘蛛就是以擅长织造丝质装饰物而闻名的。其中的一些蜘蛛使用线性形式，而其他蜘蛛则使用"十"字交叉形（图13）。圣安德鲁十字蜘蛛（长圆金蛛）就是这些蜘蛛中擅长织造丝质装饰物中的一种，它们通常使用"十"字交叉形结构，也是科学家用来严格测试蜘蛛网装饰功能的第一种蜘蛛。尤其需要说明的是，来自我国台湾地区东海大学的成任中和卓逸民的研究表明，与那些人工移除了丝质装饰物的网相比，这些带有丝质装饰物的网吸引了更多的猎物。

蜘蛛在装饰中使用的丝的化学成分也与蜘蛛网的其他多数部分使用的丝不同。一个有趣的差别是装饰用的丝会反射大量的紫外线。正如我们注意到的，人类的眼睛看不见紫外线，但是包括蜘蛛捕食的昆虫在内的许多其他动物却可以看到紫外线。而丝质装饰物中紫外线成分的增加可能会增强其能见性和引诱力，对传粉类昆虫的影响尤其显著，这主要是因为许多花卉传达的信号中也会蕴含着丰富的紫外线。因此，丝质装饰物可能

图 13：圣安德鲁十字蜘蛛（长圆金蛛）。长圆金蛛体表色彩艳丽，特点是其丝网装饰物呈"十"字交叉形状。

图片来自廖晨潘

利用传粉类昆虫视觉系统中的感官偏好引诱它们至网中，这是蜘蛛有效利用感官的另一个例子。此外，另一项对金蛛属（凯氏金蛛）的研究也发现，带有装饰物的网比那些没有装饰的网能吸引更多的飞虫。而当科学家将彩色塑料片放在蜘蛛网上方，目的是滤出并除去紫外线和蓝色光时，这个过程也阻止了丝质装饰物反射紫外线和蓝色光。最终结果显示，在该状态下，蜘蛛网捕获的蜜蜂、黄蜂和苍蝇较少。这项研究表明，丝质装饰物中增强的紫外线反射确实会对猎物产生吸引力。然而，这个实验并没有去除绿色光（中等波长）的影响，所以我们不能完全确定捕获的昆虫数量减少的原因单单就是猎物会避免飞入具有不自然光线的区域。

为了研究蜘蛛网装饰物是否真的能够引诱猎物，我们需要考虑两个关键问题：为什么不同蜘蛛种类会织造不同类型（如，线形或者"十"字形）的蜘蛛网装饰物，并且它们又是如何吸引昆虫的？ 2010年，成任中等人针对金蛛的上述两个问题进行了一项特别而全面的研究。动物，包括昆虫在内，常有位于其视觉系统的细胞，能够对自然界中的对称水平进行编码。这些细胞有可能存在，因为在我们周围的世界中，其他物种在模式和身体形态上的对称性很常见，包括能够吸引昆虫停留和授粉的许多花卉的外观。大多数花卉的外观对称，而视觉系统中的细胞恰好可以编码这种对称性。"十"字交叉形的丝质装饰物在网的任一侧都能呈现特别强的对称信号，因此与直接从中间向下运行的线形装饰物相比，它能更有效地刺激授粉类昆虫的视觉系统并将其引诱至蛛网上。成任中和卓逸民及其团队利用昆虫具有对称感知能力这个证据预测，对于飞行猎物来说，"十"字形装饰物比线形装饰物更有吸引力。他们还提出，线形装饰物最先演变（可能是因为它们的形式更简单），其次是一些金蛛属中更有效的"十"字交叉形装饰物的演变。为了证明这一点，他们对金蛛属中的亚洲种类进行了分子研究，以此来确定每个物种之间的亲近关系并构建各个物种的进化谱系。据此，他们确定了现代蜘蛛的祖先中哪种类型的装饰物是最先演变的，而哪种类型又是后来演变的。如预测的那样，线形装饰物似乎是最初的类型，而"十"字交叉形装饰物的演变至少落后于蜘蛛两个不同的谱系。

接下来，成任中和同事进行了一系列实验，以检验"十"字交叉形装饰物是否比线形装饰物增加了猎物捕获量。他们以圣安德鲁蜘蛛织造的"十"字网为研究对象，小心地将它们安置在圆形木框架内并将呈现给飞行猎物。正如预期的那样，与线形装饰物相比，"十"字交叉形装饰物确实能提高猎物的捕获率。接下来，他们用纸板切割机人工制造了"十"字交叉形装饰物，并将其旋转45°，使得装饰线在蛛网上水平并垂直地运行，而不是以对角线的形式运行。捕获猎物时，这些装饰线比一般形态装饰物的效果要好一半。因此，真正起到引诱猎物作用的不仅是蜘蛛丝中额外丝线的存在，而且还是这些丝线的实际走向。

总的来说，蜘蛛网的丝质装饰物似乎很有可能是通过感官利用来诱惑猎物的。部分原因是它们似乎利用了昆虫预先存在的视觉偏好，对特定波长的光（例如紫外线）和某些对称的图案特别敏感，并且容易受其吸引。虽然授粉昆虫的这些视觉偏好产生的部分原因是它们经常面对着类似花朵这样突出的刺激物，但蛛网装饰似乎不太可能特意地模仿花卉来引诱猎物（蛛网外观看起来也不像花卉）。因此我们或许可以从综合感官利用来解释丝质装饰物的效用。蛛网装饰物中其他材料的功能还不太清楚。但是，有证据表明，碎屑、卵囊和猎物残渣能有效地帮助蜘蛛躲避类似黄蜂这样的捕食者的捕食。在某些情况下，装饰物在外观上与蜘蛛本身非常相似，所以它们可以作为诱饵吸引食肉动物对蛛网装饰物进行攻击，而不是对蜘蛛本身进行攻击，虽然它们本身有时也可能吸引捕食者。因此，虽然蛛网装饰物有时可能对猎物产生诱惑或者吸引力，但并不是所有的装饰物都具有这样的功能。它们的存在可能还有其他原因。

蜘蛛网中诱惑猎物的不仅仅是丝质装饰物。如果近距离观察许多织网的蜘蛛本身的着色，特别是在较温暖的地区发现的圆网蜘蛛种类，你会发现许多蜘蛛具有相当明亮的色彩和图案。我们对此的第一反应是，这好像不是很好的想法，因为圆网蜘蛛需要引诱猎物至它们的网中，所以我们可能会再次预测，对于蜘蛛来说，最好的结果是难以被外界看见。然而，在许多情况下，预测与事实相差甚远。其实，就像丝质装饰物一样，蜘蛛体表的着色常常作为飞行猎物的引诱剂发挥作用。

接下来我们再次回到金蛛。20世纪90年代初，耶鲁大学的凯瑟琳·克雷格（Catherine Craig）和K.埃伯特（K.Ebert）调查了位于巴拿马的银金蛛（热带圆网蜘蛛

　　　　　　　　　　　　　　　3.早早被诱入坟

的一种）的着色情况。他们在被网住的蜘蛛的前面或者后面的草地上放置了圆形屏障或者平板，目的是隐藏蜘蛛的一个表面，然后比较捕获的猎物数量。结果显示，与下表面相比，蜘蛛有着高紫外线反射率的上表面能够吸引更多的昆虫，这为证明猎物捕食量的比率确实受到蜘蛛体表着色情况的影响提供了一些证据。然而，最后的结果远远不够明确，因为当蜘蛛的一侧真的隐藏起来的时候，总体上的捕获率有时会较高，而且由于实验本身的设计是直接将蜘蛛和蛛网隐藏在实际屏障后面，这使得实验并不是十分理想，它未能阻止飞行的猎物进入蛛网。最近，我国台湾地区的卓逸民及其同事的进一步研究，更明确地区分了用于解释圆网蜘蛛着色的两个主要假设：蜘蛛体表的着色是应对背景环境的保护色，还是诱骗猎物至蛛网的手段。其实前一项假设并不像一开始看起来那样不可能，因为自然界中许多物体的颜色都很鲜艳，比如花卉，所以蜘蛛的外观也可能与那些外在环境混为一体。

在一项研究中，卓逸民及其同事研究了我国台湾地区的兰花蜘蛛。这类蜘蛛十分醒目，其顶部表面有突出的银色和黑色条纹，而其底部整体呈黑色，上面有黄色斑点和绿色条纹（图14）。首先，他们从蛛网上移除蜘蛛，结果显示，与有蜘蛛的蛛网相比，没有蜘蛛的蛛网其昆虫捕获量减半。这个结果支持了吸引理论，即蜘蛛的着色对猎物有吸引力。因为很难想象为什么移除蜘蛛会降低蛛网的隐蔽性，而有蜘蛛的陷阱反而还不那么显眼。接下来，他们在蜘蛛黄色或者银色的体表涂上绿色油漆，降低其可见性，结果发现蛛网的猎物捕获率再次下降，这证实了蜘蛛明亮的体表着色有利于引诱猎物至蛛网中的假设。若是单单将绿色油漆涂在蜘蛛身体的绿色部位，结果显示这对捕获昆虫没有任何影响，这表明只是涂上油漆这个过程并不能解释任何研究结果（例如，涂油漆是否改变了蜘蛛的气味）。最后，该团队还分析了植被背景下蜘蛛的着色情况，同时利用昆虫视觉的数学模型来确定其可见度可能有多大。在第2章中，我们曾提到兰花螳螂的这些模型。广泛地说，利用这些模型是为了估算在看到不同的颜色、受到不同刺激的情况下，动物的视觉系统中不同感光细胞的刺激程度，如传粉的苍蝇或者蜜蜂。简而言之，两个对象（如蜘蛛和绿叶）在外观上的差异越大，两者刺激视觉系统的方式的差异就越大。如果刺激模式非常相似，那就说明蜘蛛将自己很好地隐藏起来了；但是如果刺激模

图 14：兰花蜘蛛的底部和大木林蜘蛛。左图：兰花蜘蛛的底部，有着绿色和黄色的身体标记。右图：一只大木林蜘蛛（斑络新妇），有着显眼的黄色和黑色的身体标记。

图片来自廖晨潘

式有很大的不同，那么蜘蛛在植被背景下可见性就较高。在这项研究中，根据检测结果，兰花蜘蛛体表的银色和黄色非常显眼，并且在同一背景下传粉昆虫可能很容易就能将它们识别出来。因此，蜘蛛的体表着色可能是作为一种可见的诱惑来将传粉昆虫吸引至蛛网。

卓逸民和他的同事还详细研究了另一种蜘蛛的体表着色和猎物捕获率之间的关系，即大木林蜘蛛（斑络新妇），这种蜘蛛广泛分布于东亚和东南亚的森林中。"大"可以说是对它体型的形象描述：它是世界上最大的蜘蛛之一。这种蜘蛛的雌性个体身体长达5 cm，而且若是算上腿长，其总体长度约为20 cm（图14）。但是，雄性个

体的体型较小，只有5～6 mm，而且两者看起来很不一样。雌性个体常坐在几米宽的巨网中，这不足为奇。这种蜘蛛有着精美的图案和体表着色，黑黄相间的条纹和斑点在人眼看来相当显眼。卓逸民和他的团队还曾用彩色纸板做了一个蜘蛛仿制品，将它大致制作成大木林蜘蛛的形状，但外观不同（图15）。这表明，与纯粹的黑色蜘蛛仿制品或者没有任何蜘蛛或者任何蜘蛛仿制品的网相比，蜘蛛天然的体表着色和图案能更有效地吸引猎物。实验还表明，蜘蛛的体表着色足以吸引猎物，因为纸板所做的蜘蛛仿制品与真正的蜘蛛不同，不能释放气味或者其他吸引信号来诱捕猎物。科学家对其他种类的蜘蛛所做的一系列研究也得出了那些与有关大木林蜘蛛和兰花蜘蛛研究类似的结果。

　　有趣的是，圆网蜘蛛诱惑猎物的方式也会捕捉活跃的夜行猎物。像飞蛾这样的夜行昆虫常常具有一些技能，即它们能够在晚上看得更清楚，通过眼睛的进化以捕获更多的光，使它们的光感受器更加敏感。而一些昆虫可以导航，甚至能在相对黑暗的环境中分辨出颜色。因此，即

图 15：用纸板制成的蜘蛛仿制品。它被用来测试大木林蜘蛛的体表着色对吸引猎物至网中的作用。左边的蜘蛛仿制品代表蜘蛛天然的体表着色，结果显示，与纯粹的黑色蜘蛛仿制品或者没有任何蜘蛛或者任何蜘蛛仿制品的网相比，它成功吸引猎物的概率更大；但是与完全为黄色的蜘蛛仿制品相比，其效力又有些降低。

　　图片来自廖晨潘／卓逸民

使光线不足，一些昆虫的视觉仍然能够在夜间得到广泛使用，这意味着也可以在夜间利用视觉信号引诱猎物。这正是卓逸民的团队通过观察大木林蜘蛛所得到的结果。根据他们的假设，对于飞蛾的视觉系统来说，大木林蜘蛛体表的着色即使在夜间也与植被背景不同。他们将黑色油漆涂在大木林蜘蛛的条斑上（或者完全除去蜘蛛），最终得出的结果与他们之前所做的实验一样，这次夜间的猎物捕获量也减少了。事实上，大木林蜘蛛夜间的猎物捕获率甚至高于白天。兰花蜘蛛相关的实验也是类似的步骤：往它们身上涂漆，这大大减少了类似飞蛾这样的夜间猎物的捕获量。事实上，其他几种蜘蛛，包括很多英国人熟悉的普通园圃蜘蛛（也称十字园蛛），在它们身体的底部有明亮的白色小斑点，这些小斑点显然是用于诱捕猎物的。无论是在白天还是晚上，蜘蛛利用视觉信号捕捉猎物似乎是个非常普遍的现象。

　　为什么昆虫会被那些蜘蛛的体表颜色和图案吸引？目前很少有研究能完全解决这个关键问题。一种观点是：这是因为蜘蛛身上明亮的颜色与环境中特定的花卉的部分或者花粉相似（尤其是黄色蜘蛛的颜色），这是通过拟态伪装来引诱传粉昆虫。虽然没有直接将特定的花卉与大木林蜘蛛的图案进行比较，但是事实上，大木林蜘蛛的体表颜色和图案与许多花卉的颜色排列大致有一些相似之处。可能利用实验来验证拟态伪装理论相对比较容易，即简单地将花瓣放在蛛网上以测量不同花瓣的猎物捕获量。但是，令人惊讶的是，这样的实验目前尚未有人进行过。另一种观点是：传粉昆虫容易受到亮色的吸引只是因为其视觉系统中某部分对亮色的偏爱。这一论点与拟态伪装理论并不排斥，由此它们对任何明亮的颜色或者图案都是易敏感和易回应的。在这种情况下，蜘蛛的体表着色可能不是拟态伪装了特定的花朵或者植被，而是利用了许多昆虫早已存在的视觉和行为中的普遍偏好。事实上，这个问题我们在第1章中就已谈到过，一些蟹蛛会利用发光的紫外线信号从它们周围的众多花卉中脱颖而出，使自己变得显眼，以引诱那些对紫外线有强烈偏好的猎物。

　　在结束蜘蛛体表着色这个话题之前，需要引起注意的是，蜘蛛用明亮的色彩引诱昆虫是需要付出代价的，因为在显眼的色彩下，蜘蛛本身也会成为猎物。对大木林蜘蛛来说，体表着色可能反映了对吸引猎物和受到捕食者攻击风险这两者的折中。在纸板蜘蛛仿制品的实验中，与蜘蛛体表着色相同的蜘蛛仿制品相比，全身为黄色的蜘蛛仿制品实际上吸引了更多的昆虫猎物。然而，这些黄色的蜘蛛仿制品也遭受了来自捕食者黄蜂更多的攻击。这个发现很好地展示了自然界中常见的生存现象，即相互矛盾的选择压力之间的折中。动物的体表着色和交流信号普遍存在有这种折中现象。如在需要用华丽的颜色吸引潜在的伴侣，但是又不能太过显眼而吸引捕食者的时候，也会出现这种折中现象，这已经得到了最有力的证明。雄性动物的着色往往反映了这种现象。木蛛的着色似乎也反映了这种折中现象，它们擅长用自己的体表着色引诱猎物，但同时又懂得平衡来自敌人的风险。

就蜘蛛体表着色和丝质装饰物而言，它们似乎很有可能是利用猎物对某些特定种类刺激物的大致偏好来引诱猎物，进而提高猎物捕获率。这些偏好可能是遗传的（"天生的"），或者也可能是个体在一生的实践中习得的。然而，其他蜘蛛的捕猎手法又有不同，它们会用某种特定的拟态伪装，只以有限的几种猎物物种为目标来获取食物。在许多情况下，它们会通过发出类似于猎物潜在伴侣的求偶信号来吸引猎物，等待猎物靠近，以伺机攻击。分布于北美以及南美的流星锤蜘蛛（美洲流星锤蜘蛛）也许是其中最引人注目的物种。从外观上来看，流星锤蜘蛛并不十分有趣。一般来说，它们的体型很小，而且有一个胖乎乎的腹部，就像许多其他圆网蜘蛛一样。但在它们温和的外表下，却隐藏着一种引人注目的捕获策略。它们捕获猎物时不会像许多"亲戚"那样耗费时间织造可观的圆网，而是会向经过的飞蛾投掷一团黏液球。白天，许多流星锤蜘蛛看起来有点像鸟粪，这是为了避免受到捕食者的攻击（这类伪装我们将在第4章中谈论）。然而，到了晚上，雌性流星锤蜘蛛会在所在的植物两端织造一条丝线（"钢丝绳"），并移动到这条"钢丝绳"的中间。接下来，它们会织造另一条单丝，并在其末端放上黏液球（流星锤）。雌性流星锤蜘蛛用它的一条前肢抱着黏液球，发现有经过的飞蛾时，就摇晃或者向其投掷黏液球（图16）。飞蛾出现时，黏液球会穿透昆虫的外表，从而捕捉到飞蛾，这样它们就可以将已处于"砧板"上的猎物拖走。所有看过流星锤蜘蛛捕获猎物的人都会对其捕猎的高效性印象深刻。不过，当我们细细考虑蜘蛛的做法时，会觉得这种捕猎方式似乎不太有效，因为它只是一味地等待飞蛾接近时才会发动攻击。然而，早

期的研究表明，雌性流星锤蜘蛛的猎物捕获量与其他同形织网的圆网蜘蛛的猎物捕获量没有什么差别。看来它们的成功是有诀窍的，并且诀窍非常复杂。

　　20世纪70年代后期，史密森热带研究所的威廉·埃伯哈德（William Eberhard）在研究哥伦比亚的流星锤蜘蛛时发现，飞蛾并不是随机地飞过蜘蛛的附近，而是似乎刻意地飞向它们。飞蛾的飞行路线呈现出有特点的"之"字形，而且它们在接近蜘蛛时会从一侧飞到另一侧，这与雄性飞蛾在追踪被吹到空中的雌性信息素气味时的飞行方式大致相同。移除黏液球后，飞蛾的飞行方式并没有任何改变，所以飞蛾似乎是被蜘蛛本身

3. 早早被诱入坟

所吸引的。这意味着流星锤蜘蛛是通过模仿雌性飞蛾的性信息素来吸引猎物的。约10年后，科学家们分析了雌性流星锤蜘蛛释放的化学物质，结果表明，它们的确伪装了所要捕获的飞蛾的某种特定信息素成分。之后的研究还表明，流星锤蜘蛛不仅伪装了它们主要猎物的信息素中存在的关键成分，而且还伪装了信息素成分正常释放时的比例。

成年的雌性流星锤蜘蛛赖以为食的飞蛾似乎一般只有几种（全都是雄性飞蛾）。来自肯塔基大学的肯尼斯·比格根（Kenneth Yeargan）和肯尼斯·海恩斯（Kenneth Haynes）及其同事发现，对于一种蜘蛛（即秘鲁毒蛛属）来说，它93％的食物只是两种飞蛾，其中一种便是硬毛夜飞蛾。虽然这两种飞蛾晚上的活跃时间不同（硬毛夜飞蛾是在天黑后不久到晚上十点半左右，另一种飞蛾则是在晚上十一点之后），但是蜘蛛都会捕食它们。这就提出了一个问题，即同一蜘蛛是如何吸引两种不同的飞蛾的，并且这两种飞蛾的雌性信息素差异很大。从理论上讲，蜘蛛是可以释放出同时含有两种飞蛾信息素成分的气味混合物的，然而，这种释放的混合气味又不足以有效地诱惑任何一种飞蛾，因为每一物种的信息素往往具有高度的特异性。或者，蜘蛛可以根据夜间的时间改变它们释放的化学物质组成的成分和比例。事实上，这两种说法似乎都只是部分正确——蜘蛛在正常的活动期之外确实能够吸引两种飞蛾，这表明它所产生的气味肯定具有一定程度的普遍性。但是，在夜幕降临时，蜘蛛相对较多地增加硬毛夜飞蛾的信息素成分，而随着夜色的加深，为了捕获另一种飞蛾，蜘蛛所释放的气味会与这种飞蛾的信息素成分相符合。

这些显著的适应性特点说明了蜘蛛是如何利用一种名为攻击性拟态伪装的策略来引诱猎物的，这就好像伪装清洁鱼的横口鳚一样（第2章中谈到过）。然而，流星锤蜘蛛仍然需要移动身体来捕获飞蛾，那么它们又是怎么知道该在何时摆动"黏液球锤子"呢？埃伯哈德最先指出，低音调的"嗡嗡"声会促使蜘蛛收回"锤子"，而且之后的研究也证实了蜘蛛确实会对飞蛾拍打翅膀的振动声作出反应——无论是飞蛾翅膀真正的振动声，还是用扬声器播放的模拟振动声，飞蛾都会作出一定的反应。所以总的说来，蜘蛛首先通过模仿雌性飞蛾的性信号来引诱雄性飞蛾接近，然后根据接近的飞蛾发出的声音来决定何时发动攻击。

流星锤蜘蛛作为一些物种的代表，完美地展示了专业的攻击性拟态伪装是如何进行的，事实上，它展示出了为了生存常常必须得做得多么具有专业性。研究还表明，随着时间的推移，一些蜘蛛个体可以通过改变拟态伪装来提高捕猎的成功率，这与喀拉哈里沙漠里偷取食物的鸟类叉尾卷尾一样（第2章谈到过）。事实上，并不只有流星锤蜘蛛会利用模仿猎物潜在伴侣的性信号来吸引它们。众所周知，萤火虫有着美丽诱人的闪烁光，而且其颜色有黄色，也有绿蓝色。一般而言，无论是雄性还是雌性萤火虫都会闪光，以便在求偶期间彼此交流、相互吸引，从而进行交配，而且萤火虫各个种类之间的颜色和闪光模式往往会有所不同。开始求偶的时候，雄性萤火虫通常会发出相对精细的闪光，然后等待观察同一种类的雌性萤火虫发出特殊的反应式闪光。但是，通常雌性萤火虫在用自己特定的闪光响应之前，会有一定时间的延迟。然而，隶属于福图利斯属的一些萤火虫却以一种欺骗的方式进行闪光。雌性萤火虫是"诱人的妖精"，一般捕食着其他不相关的物种（如北美萤火虫），而且它们还会通过伪装目标猎物中雌性的发光信号（时间延迟）来吸引相关的雄性，然后将其吃掉。对福图利斯属雌性萤火虫来说，其中的关键因素不仅仅是获取食物那么简单。事实上，它们发出的闪光也包含特定的化学物质，这是其猎物北美萤火虫发出的闪光中也会包含的成分。这些防御性化学物质可以击退诸如蜘蛛和鸟类之类的捕食者，提醒捕食者一些萤火虫的闪光是一种警告，即它们的身体有毒，应该避免食用，选择躲避。捕食性萤火虫自身似乎不会产生这种化学物质，而是从捕获的猎物中获取。因此，它们不只是通过捕食来获取食物，还会从中获得对自身的保护。

　　也许，蜘蛛中最狡猾的不是坐等猎物的蜘蛛，而是那些积极捕食的蜘蛛。小遂莉蛛是一种发现于澳大利亚的跳蛛，以其他蜘蛛为食。新西兰基督城大学的罗伯特·杰克逊（Robert Jackson）及其同事对跳蛛的一系列捕食技巧进行了研究。跳蛛会先依靠其隐蔽的外表和行为悄悄地靠近它的猎物。从外表上来看，小遂莉蛛就像与背景相融合的碎屑，而且它的爬行动作极有特点，就像杰克逊[1]的舞步，因此有人将其称为"隐蔽围

①此处指美国流行音乐巨星迈克尔·杰克逊（Michael Jackson，1958-2009）。

——编辑注

　　　　　　　　　　　　　　　　　　　　　　　　　　　3. 早早被诱入坟

捕"。跳蛛以其独特的动作，缓慢、机械地爬向猎物，隐藏它的触须，而且每当猎物转向或正对它时，它都会静止不动。和其他跳蛛一样，它有着大眼睛和敏锐的视觉。昆士兰州发现的波西亚跳蛛是小遂莉蛛的主要猎物之一。波西亚跳蛛会在悬浮于岩石或者卷起的叶子上筑巢，因此小遂莉蛛必须先引诱它出来，之后才能进行攻击。雄性波西亚跳蛛求偶时会立在叶巢上并"颤抖"，造成叶巢移动摇晃，以引起雌性波西亚跳蛛的注意。而小遂莉蛛在进行拟态伪装时，会先降至叶子上，然后立刻在顶部产生类似于求偶行为的震动信号，以诱使雌性波西亚跳蛛。小遂莉蛛在等待雌性波西亚跳蛛出现的同时，会潜伏在离巢穴几毫米内。等待几分钟后，若是雌性波西亚跳蛛还没有出现，它则会再次震动。小遂莉蛛似乎并没有进入波西亚跳蛛的巢穴，也许是因为猎物本身也是强大的捕食者，因此进入猎物的巢穴具有危险性。

　　小遂莉蛛的行为有两点很有趣。第一，在没有波西亚跳蛛存在的地方，小遂莉蛛也不会使用这种拟态伪装求偶的捕食行为。这说明，昆士兰的小遂莉蛛所采用的捕食策略只是用于诱使当地猎物的特定伎俩。无论是在昆士兰野外捕捉的小遂莉蛛，还是在实验室饲养的同一种类、没有任何捕食波西亚跳蛛相关经验的小遂莉蛛，都会有伪装求偶的捕食行为。这说明，这种捕食行为可能是来自该种群的基因遗传或者是"天生的"，而不是通过狩猎经验习得的。第二，波西亚跳蛛似乎掌握了识别小遂莉蛛为潜在捕食者的方法。因此，小遂莉蛛亟须发展它的欺骗性信号，以应对波西亚跳蛛的防御。但即便如此，当波西亚跳蛛受到攻击时，它们仍然经常会冲向并跳向小遂莉蛛，或者用肢体击打，以此来驱赶它们。这种防御方式通常是成功的，至少两只蜘蛛在实验室中相遇的情况下即是如此。事实上，当小遂莉蛛接近巢穴时，波西亚跳蛛的防守在很大程度上是有用的，也许是因为当小遂莉蛛处于叶子上，还发出虚假的求偶信号时，波西亚跳蛛常常就已经神不知鬼不觉地到达了自己的位置。

　　似乎这些捕猎手段还不够令人印象深刻，小遂莉蛛还有其他的捕食妙计。它还以生活在蛛网中的其他蜘蛛为食（这些蜘蛛视力不佳，更多地依赖震动信号来识别猎物和危险）。小遂莉蛛会不经意地弹拨蛛网上的丝线，以此来控制居住在此的蜘蛛的行为，要么在攻击距离之内引诱它们，要么以其他方式误导它们。值得注意的是，具体的捕食策略取决于猎物的大小。若是常住蜘蛛体形较小，捕食时没有重大风险，小遂莉蛛会发出相对强烈的与捕获的昆虫类似的震动，以引诱常住蜘蛛爬向它。然而，若是猎物的体形很大，而且因此可能会受到攻击或是面临死亡风险时，小遂莉蛛就会发出更加狡猾而且不易辨别的模糊的震动声，大体上伪装的是蛛网外一些未知生物的声音，目的是让猎物处于网中间的位置。这种方式有助于降低目标猎物攻击行为的凶猛程度，反而促进了侦察行为的减少（这期间猎物通常会弹网并探查，然后慢慢地爬向模糊的信号源）。凭借这种方式，小遂莉蛛可以以较小的风险悄悄地靠近猎物。最后，当小遂莉蛛不断向网中的蜘蛛靠近时，不管猎物的大小如何，它都会使用第三种欺骗手段。它会做一些简短但强烈的动作，模拟蛛网上产生的一些大型动作，例如落叶这样的物体落在网上或者蛛网因风而被吹起。这个"烟幕弹"隐藏了小遂莉蛛移动时产生的震动，使得常住的蜘蛛对它视而不见，进而有助于向目标猎物的移动。总而言之，小遂莉蛛非常擅长捕食猎物。

蜘蛛特别擅长使用欺骗手段诱骗猎物的原因尚不完全清楚，而且这种策略为什么在其他动物群体中并不常见的原因也不可知。然而，显而易见的是，捕食者在捕猎时的攻击性拟态伪装往往是进化而来的，这些捕食者通常是坐等猎物接近，然后伺机攻击。正如我们之前讨论的，这种狩猎方式往往依赖一定的运气。对于那些只擅长捕捉有限猎物类型的生物来说，积极主动地引诱猎物是提高捕获成功率的有力途径。不过，并非只有蜘蛛会使用这种欺骗手段。一些捕食性对虾会利用猎物对特定颜色的偏好来引诱鱼类。例如，特立尼达岛有一种对虾会攻击孔雀鱼（在宠物店中经常能发现这种鱼，它有着华丽的色彩），而且这种对虾的螯上有橙色斑点。孔雀鱼对橙色有偏好（感官偏好），尤其是在交配和觅食时，橙色是一种重要信号。实验表明，对虾的橙色斑点能够将雌性孔雀鱼吸引至其身体前方，这样对虾更容易攻击孔雀鱼。脊椎动物引诱的例子通常比较少见，但似乎也符合这一普遍观察。例如，显然许多蛇会利用诱惑法来吸引猎物。比如，致死性的毒蛇（南棘蛇）会扭动或者抽动尾巴的末端，而身体其他部位保持静止不动，就好像尾部本身是猎物一样，借此来欺骗、引诱它的目标猎物。但是在脊椎动物中，捕猎时善于使用诱惑和欺骗手段的大师却是一种鱼。

深海可能看起来像巨大、黑暗而空洞的空间，但这只是它其中的一部分。如果我们潜入深海，在最后的一缕阳光之后，会发现那里开始出现闪光。这是一大堆怪异但奇妙的生物发出的闪光。其中有许多生物，如章鱼和水母，通常看起来与它们在浅水区的近亲大致相似。但是，还有一些生物长相奇特，看起来什么都不像。在海底，我们可能会看到一束小小的、移动的蓝绿色光来回摇摆，像是会发光的生物在深海中不断移动，可能它们正在搜寻从上方掉落的动物尸体。鱼受到发光物体的吸引，可能认为这是潜在的猎物，就会靠近这些发光的物体。但是当它接近时，沉积物会急剧膨胀，做出模糊的动作，然后那鱼就会被吞噬于长满牙齿的嘴里。真正的捕食者是鮟鱇鱼，它是最著名的擅长诱骗猎物动物之一。目前，已知的鮟鱇鱼有320多种，其中约有一半是在300 m以下的深海中发现的。与它们同类的鱼一般有以肉质鲜美而闻名的扁鲨，以及外表奇怪的躄鱼。躄鱼外形奇特，种类繁多，体型和颜色各异，有些外表奇怪，比如毛茸茸的躄鱼（条纹躄鱼）身体呈球状，嘴巴巨大，覆盖有毛发状的延长物，用来伪装自己，不被猎物发现。

虽然研究鮟鱇鱼时有一定的难度，但是我们仍然了解到，许多鮟鱇鱼对环境有很强的适应能力。例如，深海生物在寻找配偶时面临着巨大问题：因为深海的食物有限，而空间规模巨大，这意味着生物的相对密度往往很低，因而雄性和雌性生物能在合适的时间交配成为一个稀有事件，但有些鮟鱇鱼却用巧妙的，坦白说又有点奇怪的方法解决了这个难题。雄性鮟鱇鱼的体形很小，而雌性鮟鱇鱼的体形则相对较大，往往是雄性长度的几倍，因此该策略也被称为"侏儒症"战略。在雄性寻找雌性的过程中，两者距离较远时，雄性经常会使用其高度发达的嗅觉，之后在与雌性的距离接近时则会使用视觉。或者，另外，在有些种类中，雄性可能会瞄准雌性发光的诱惑（更多的是在短时间内瞄准）。当两者相遇时，它们不会交配完就分道扬镳，雄性会将自己贴在雌性的身体上，紧紧抓住雌性腭部顶端的钳状部分。随着时间的推移，雄性会逐渐与雌性合为一体。这个不为人知的非凡过程中，两者相接触的皮肤和组织屏障会被破坏，而且雄性会与雌性共享血液供应，以接收营养和氧气。同时，雄性的消化系统、其他内脏以及眼睛也会退化。与此同时，雄性成熟的生殖器官基本上成为附着于雌性身上的小寄生体，当雌性要产卵时，其生殖器官就会释放精子。有时，几条雄性鱼会同时依附在同一条雌性鱼身上。但是并不是所有物种的依附都是永久性的，有些物种只是暂时依附，并且其形态没有发生极端的变化。不过，通过这种方式，它们可以有效解决寻找配偶的问题。

鮟鱇鱼存在的形式多样，生存环境各异，而该群体的名称正是来源于其改良的背鳍棘。它的背鳍棘能用于引诱许多物种（图17）。诱捕猎物时，鮟鱇鱼静止不动，将身体的大部分隐藏起来，只剩下有点类似钓鱼竿的背鳍棘悬挂于头部或者身体上，并且不停地摇晃，以吸引猎物，如其他鱼类。当猎物靠得足够近时，鮟鱇鱼就会用满是牙齿的大嘴将其一口吞掉。许多深海物种具有发光的诱饵，诱饵末端有成千上万的细菌发出的生物荧光。细菌与鮟鱇鱼存在着共生关系，细菌通过毛孔从水中进入鮟鱇鱼的身体，从而获得营养和保护；与此同时，鮟鱇鱼则从其生物荧光中受益。有趣的是，鮟鱇鱼的形状和光照发射的方式存在着许多物种特有的差异，这也可能有助于雄性找到正确的物种并与之交配，而不只是诱惑猎物。鮟鱇鱼显著的适应力包括生物荧光诱饵及其不同寻常的生殖方法，这导致一些科学家提出，深海鮟鱇鱼的多样性正是源于它们的这些进化创新。这些进化创新使得鮟鱇鱼能够快速多样化，占领食物有限的生存环境，同时也战胜了环境为其寻找配偶而设置的挑战。

深海中的鱼本身也是受害者，因为一种相当奇怪的深海生物似乎也会利用生物荧光来诱惑这些鱼类。管水母（群聚性水螅虫）是一种与水母有亲缘关系的生物，它的身体可以长达几米，触须上有带刺细胞，用于捕捉猎物。研究深海物种仍然具有挑战性，这不仅是因为进入深海非常困难，还因为将样本相对完整地移到海水表面也很复杂，而且往往是不可行的。尽管如此，最近，人们在研究中通过深潜器下潜到水下1 600～2 300 m处，成功捕获了一些管水母标本。研究显示，一些管水母在其透明的侧支末端至触须处有发光的细胞。这些发光细胞有节奏地闪烁并移动，发出黄色和红色的光，很可能用于诱捕鱼类猎物。而且研究人员还利用远程操作的深海工具所传输的镜头对深海鱿鱼进行观察，发现它们会利用进化过的触角来引诱猎物，这可能是在模仿小型海洋生物。虽然它们自己没有发光器官，但却会通过触发附近生物体的生物荧光来吸引其他物种靠近；或者它们会在水中制造震动干扰，而鱼类、虾等甲壳纲动物以及头足类动物的感觉机械感受器会接收它发出的震动干扰，从而达到吸引猎物的目的。毫无疑

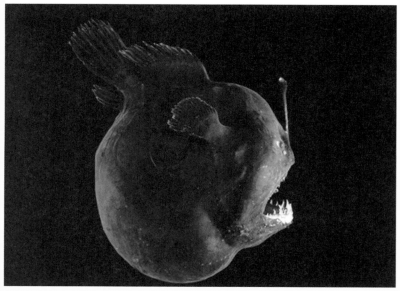

图 17：两种不同的鮟鱇鱼（树须鱼）。说明该群体在形态上的高度多样性，包括用于吸引猎物的特色诱饵。

图片来自彼得·大卫（Peter David）/ 盖帝图像社（版权所有），

自然图像库（版权所有）/ 阿拉米

问，深海中的诱惑和欺骗很常见，如果我们有更多的资源去发现它，就可以获得许多关于深海动物彼此交流、欺骗的知识。

通过欺骗手段引诱猎物的动物不只是存在于深海中，也存在于热带森林中。然而，似乎动物界中的骗子还不够多，植物也采取了这种行动。对于动物而言，虽然大多数植物相对无害（见第8章），但还是有大约600种植物，特别是那些生活于贫瘠土壤上的植物，会通过消化它们捕捉来的节肢动物（有时是更大的动物）来丰富自己的饮食。而这些植物中，最著名的莫过于捕蝇草、猪笼草以及茅膏菜。但是，植物的食肉性似乎已经独立进化了多次。达尔文对食肉植物十分着迷，花费了很多时间去研究它们，甚至还专门写了一本关于它们的书，论及它们奇特的生活方式以及捕捉猎物的方式。就像坐等猎物上门的动物捕食者一样，食肉植物也逐渐进化出了引诱猎物、提高捕获率的策略，因为简单地融入背景植物并不是一种特别有效的狩猎方式。和一些蜘蛛一样，食肉植物的捕猎方法也包括视觉和化学欺骗。仔细观察它们的人可能都会注意到它们形态多样，而且往往有美丽的斑纹。例如，捕蝇草的陷阱中央是红色的，猪笼草表面会有各种各样的条纹和纹理，似乎会发光，而茅膏菜产生黏性"胶"的部位则呈亮红色。但是，这些信号真的是为了引诱昆虫和其他动物而进化的结果吗？最近的研究工作证实，事实确实如此。

德国弗莱堡大学的马丁·谢菲尔（Martin Schaefer）和苏格兰圣安德鲁斯大学的格雷姆·鲁克斯顿（Graeme Ruxton）将猪笼草表面人为地统一涂成红色或者绿色，然后比较两者的昆虫捕获率。他们发现，红色的猪笼草捕捉了更多的昆虫，这说明猪笼草身上的精细图案和斑纹可能并不总是用于吸引猎物。相反，即使只是简单的红色，只要与一般的绿色环境产生强烈对比，就可能足以吸引猎物，而且食肉植物的各种斑纹可能也只是与绿色环境产生强烈对比的一种很好的方式。不过，其他的研究表明，一些昆虫群体如蚂蚁，通常是猪笼草的主要食物来源，但是吸引它们的不是猪笼草的颜色，而是其释放的花蜜。所以猪笼草用于引诱猎物的红色信号并不是对所有猎物都通用。其实，许多猪笼草都是绿色的，还带有白色的斑纹。

事实上，人们认为吸引猎物的不仅仅只有红色。在紫外线下，许多猪笼草都具有高度可见的图案，许多昆虫都能看到。有趣的是，其他斑纹确实会吸收紫外线，然后以更长的"蓝色"波长重新释放，该过程产生的光称为"荧光"（图18）。荧光材料在紫外线照射下也能发出明亮的光，就好像20世纪80年代的夜总会那样。这种蓝色荧光似乎能发挥十分重要的作用，因为许多猪笼草和捕蝇草都会产生漂亮的蓝色荧光，尤其是在猪笼草的入口处。当科学家消除了这种蓝色荧光后，这种植物的猎物捕获率则大幅下降。该项研究的人员之一撒巴拉·贝比（Sabalal Baby）告诉我，他们在所有测试过的13～14种猪笼草以及几种杂交猪笼草中发现了紫外线诱导的蓝色荧光。因此，这种现象被广泛地用于猎物的捕获。

食肉植物也会用化学信号来引诱猎物。例如，捕蝇草会释放一种挥发性的物质来吸引苍蝇。当昆虫在陷阱上停留时，它们会通过触发特殊的感官茸毛，快速而猛烈地关闭陷阱。这些植物因此而闻名于世。对挥发性物质的化学分析表明，这些植物似乎是通过模仿苍蝇所吃食物的某种气味特征来吸引猎物的。猪笼草也会使用类似的捕食法，它会释放大量的化合物，这些化合物明显类似于能够吸引昆虫的花卉或者水果中发现的化合物。当释放更多的化学物质时，这些猪笼草会吸引更多的苍蝇；同样，蚂蚁也会受到猪笼草气味的吸引。目前尚不清楚的是，食肉植物伪装的是特定的花卉或者水果，还是说一般情况下它们伪装的是在那些物体中发现的共有的物质。有趣的是，人们在对一些猪笼草的化学物质进行分析时，发现其中一些化学物质与蚂蚁交流时所用的物质相似，包括用于创建路径以及呼唤伙伴搬运食物的信息素，这增加了植物用化学方法模拟动物交流信号这一假设的可能性。最后，很矛盾的一点是，有些猪笼草会采用暂时关闭陷阱并允许猎物逃脱的捕食策略，借此提高猎物捕获的总体水平。这看起来可能很奇怪，但原因在于猪笼草的大部分食物来源是蚂蚁，猪笼草会用其边缘所分泌的糖液来吸引蚂蚁。当一些被派出去寻找新食物来源的侦察蚁从猪笼草的陷阱中暂时逃脱时，它们会从蚁巢中呼唤其他伙伴，然后一起返回。这样，当陷阱被重新激活时，就提高了猪笼草的猎食成功率。所以，食肉植物与动物一样，也会采用一系列欺骗性机制来增加它们的饮食。

那么所有这些例子可以给我们揭示出关于欺骗行为的什么信息呢？一方面，拟态伪装有时可能非常精准，只是针对一个或者两个目标猎物（或者甚至是单一性别，通常为

雄性），小遂莉蛛、流星锤蜘蛛以及萤火虫的例子就是如此。但欺骗行为的适用范围也可能更广泛。鮟鱇鱼似乎并没有伪装任何特定的猎物或者类型，而是利用了一个形式固定的诱饵来吸引猎物。这又引出了重要的一点，即我们所观察的所有诱惑和欺骗的例子是否真的是拟态伪装（涉及将一个物体错误地分类为另一个物体）？这一点与许多只是利用动物早已存在的，对一定种类刺激物的偏好（即感官利用）的观点截然相反。这些问题值得我们再次讨论、研究，因为它们通常反映了欺骗行为可能发展的不同途径。

我们都知道，虽然拟态伪装与感官利用之间的区别很小，但它们并不完全一样。例如，如果猎物对蓝色非常敏感——也许是因为它是传粉者，而许多花是蓝色的——捕食者为了吸引猎物的注意力，可能会进化出蓝色的诱饵。比如，鮟鱇鱼捕食时会晃动诱

3. 早早被诱入坟

饵，特别是能够发出生物荧光的诱饵，这可能不失为吸引猎物的注意力并促使它们靠近的好方法。不过，毫无疑问，流星锤蜘蛛的例子证明拟态伪装确实存在，因为它们巧妙地使用了堪比目标猎物的雌性信息素的化学物质。尽管如此，证实拟态伪装的证据并不那么简单，它与感官利用截然相反。

拟态伪装涉及两个阶段。首先，动物的欺骗性信号必须与所要伪装的信号充分相似，这样目标猎物的感官系统就无法轻易地将它们区分为不同的类别。我们会在第5章中谈到，出于各种原因，这种伪装并不需要所有特征都十分接近。例如，观察者可能只会注意到动物外表的某些方面，而非其他方面。其次，接下来，接收者必须曲解这一信息，并将伪装的信号错误地识别为错误的类别。也就是说，拟态伪装涉及将一个类型错误地划分为其他类型。流星锤蜘蛛能够吸引飞蛾，就是因为飞蛾错误地认为蜘蛛所释放的化学物质属于雌性飞蛾。

相比之下，感官利用对于模仿复制和错误分类没有精确的要求——它只涉及诱发观察者作出反应的一个信号，因为它会有效地刺激感觉系统（例如发出大的声音，发光变亮，或者释放猎物极为敏感的颜色）。更强大、更强烈的信号刺激可能会使感官利用发挥得更好，即使这导致拟态伪装的效果与目标物体不那么相似，因为它会更强烈地刺激被欺骗动物的感觉系统。例如，鮟鱇鱼可能会非常快速地来回摇晃它的诱饵，比任何猎物的正常游动速度还要快，这是因为这种快速的移动行为更有可能引起猎物的注意。另一方面，如果它在直接伪装真实的猎物，那它应当十分贴切地模仿猎物的游动。在所有条件相同的情况下，随着时间的推移，拟态伪装会变得更加精准，因为这会导致猎物的错误分类。蜘蛛若是通过伪装成花来诱捕猎物，那么随着时间的推移，它的颜色和结构应该看起来更像真正的花，这样才不太可能被视为假的。相比之下，利用传粉昆虫对黄色偏好的蜘蛛，可能就只是进化出更加明亮、强烈的黄色，即使这种色调超出了任何实际存在的黄色花。

一些科学家，如谢菲尔和鲁克斯顿，提出感官利用可能是拟态伪装的进化先导，因为感官利用往往呈现在许多物种或者环境中其他突出物体的外观上。以鮟鱇鱼为例，人们可能会认为，随着进化的推移，开始时诱饵是吸引猎物注意力的有效手段。但是，随后，如果这个诱饵能够轻易地欺骗猎物，那么诱饵就会在形状和大小上变得越来越像真正的猎物。事实上，拟态伪装和感官利用甚至可以同时发挥作用。例如，鮟鱇鱼的诱饵可能会在形状和大小上与它所模仿的特定目标类似，因为这有利于诱捕某些种类的猎物；但同时诱饵可能会非常迅速地移动，因为加速移动能够更好地吸引猎物的注意力。

当真正的拟态伪装存在时，动物伪装的高准确度可能需要付出一定代价。如果鮟鱇鱼的诱饵与模仿的猎物非常相似，那么它的模仿可能只会吸引一小部分潜在的目标猎物，缩小了鮟鱇鱼可以诱惑到的可能的猎物范围。例如，流星锤蜘蛛可能非常擅长引诱一种或者两种特定的飞蛾，但是它们却无法吸引许多其他种类的飞蛾。也就是说，若只是确定一种目标猎物，那么精密复杂的伪装对发挥拟态伪装的效用至关重要。如果动物未能很贴切地伪装某种特定物种的信息素，那它就根本吸引不到任何物种，所以在这种情况下，伪装的专业性十分重要的。生物进化时是采用普通的欺骗形式还是更为专业的形式，在一定程度上取决于潜在的猎物对某种刺激物的反应调整的精确度如何（如具体的气味或者声音）。总的来说，欺骗行为有好几种进化路径，想要确切地知道它的运作过程可能十分复杂，但却可以给我们揭示出很多关于进化和物种间相互作用的运作过程。

我们在前三章花费了大量篇幅来探讨动物和植物如何利用欺骗手段获取食物和猎物，以及欺骗行为能够发挥作用并进化的机制。然而，欺骗行为存在于其他许多环境中，因此在第4章我们将从探讨保护色开始，研究动植物是如何通过利用欺骗行为作为保护手段来应对风险、抵制威胁的。

混隐色与运动眩晕策略

自然界中的众多生物面临着被其他生物捕食的严峻压力。进化主要是将自己的基因传给下一代，但如果生物在成功繁殖下一代之前死亡，情况可就大大不妙了。捕食者无处不在，所以动物有着多种多样的方式来避免自己被吃掉，对此我们不应该感到惊讶。许多物种，如野牛和斑马，会成群结队地聚成一团保护自己，而许多毛毛虫则会释放有毒化学物质和恶心的气味让捕食者远离。虽然动物已经发展出了非常复杂和多样的捕食方式，但是人们认为，猎物自保策略的进化通常面临更大的选择压力。其中人们讨论较多的一个原因是，如果捕食者没能捕捉到猎物，那么它无非是损失一餐，但是一旦猎物被捕食，那么猎物面临的就是死亡。这就是理查德·道金斯（Richard Dawkins）和约翰·克雷布斯（John Krebs）在20世纪70年代后期提出的所谓"life-dinner法则"。这意味着捕食者和猎物之间的关系并不对等，我们也许可以认为，与捕食者的捕食技巧相比，猎物总能进化出更多的防御对策。很难确切地说这是否正确，但是毫无疑问，猎物为了求生，有许多策略来欺骗捕食者。在第4—6章中，我们将讨论许多类似的策略，看猎物是如何运作、进化以及误导捕食者的。

也许动物采用的最广泛的防御手段是伪装。也就是动物（也有一些植物）的颜色和图案通常与背景环境融为一体，或者与它们周围特定的一些物体（如树的嫩枝或者鸟粪）相似。在第1章中，我们介绍了动物个体或群体利用其他动物的信息交流系统，通过制造虚假、夸张或者误导性的信息，从而谋取自身利益。严格来说，包括我在内的一些科学家都认为，伪装与上述的欺骗行为并不是一回事，因为伪装并不利用信息交流系统。与流星锤蜘蛛利用交配时飞蛾产生的信息素来寻找猎物的方式不同，大多数动物的伪装本质上是用来避免被其他动物发现，而伪装的飞蛾则试图阻止任何能表明其存在的信号。然而，并不是所有的生物学家都同意这一观点，相反，他们认为，交流信息和伪装只涉及改变另一种动物（像捕食者）的行为。在这种情况下，捕食者的行为已经发生了变化，但其代价是捕食者不再能够察觉到伪装的猎物了，而原本它会去攻击这个猎物的。这里我们不用太纠结措辞，而是可以粗略地认为伪装也是欺骗的一种形式，因为它涉及对其他生物的某种欺骗或者操纵。此外，伪装的运行机制与其他的欺骗方式也有很多相似之处，值得我们去探索。

自然界的伪装在复杂程度上差别巨大，相对简单的有白靴兔，它们用白色毛发将自己隐藏在白雪皑皑的冬天；复杂的有叶尾壁虎，它们拟态伪装枯叶；甚至像一些鱼能变得几乎完全透明（图19）。我们将会发现，与欺骗行为的大部分其他领域相比，对伪装的研究（以及拟态伪装的一些形式）与最早的进化论生物学家的想法错综复杂地联系在一起，并为进化提供了一系列强有力的证据。不仅如此，自然界的伪装研究与人类的应用领域也密切相关，包括在艺术领域、时尚界和军事防御。许多研究的目的还在于研究伪装如何击败捕食性动物的视觉系统，这可以更多地揭示出欺骗行为是如何运作的。

达尔文备受尊崇的原因，除了他的很多关于自然及其运行机制的奇思妙想（大多数是正确的）之外，还有他的自然选择和性别选择进化论。他花费了很多时间研究并探讨动物的形态，从附着在岩石、船底等处的甲壳类动物，到孔雀，林林总总，不一而足。但他很少详细地探讨伪装，尽管动物的伪装提供了一些最好的早期进化的例证。然而，幸运的是，动物的伪装对许多其他早期进化论生物学家和博物学家而言是一个

图 19：一些动物的绝妙保护色。莫桑比克夜蛾（左上图），一只模仿树叶的灌木丛螽蟖（右上图），一只沙蟹（左下图）和一只蚱蜢（右下图），它们全部与背景融为一体。

图片来自马丁·史蒂文斯

有趣的重要话题，维多利亚时代伟大的博物学家兼探险家华莱士便是其中最著名的一位。他在南美洲和东南亚地区旅行多年，收集标本用于研究，并送回英国出售，以筹措旅行经费。他观察到一些不同寻常的伪装现象，如模仿树叶的顶尖专家——东亚地区和南亚地区的枯叶蝶（我们很快将再次论述它们），还有自然界中其他令人印象深刻的适应性变化，都促使他去思考物种的起源。事实上，他撰写了许多关于动物着色的论文，并在书中用大量篇幅来探讨伪装。在他1889年的经典之作《达尔文主义》（*Darwinism*）一书中，华莱士说："当我们将动物的颜色作为一个整体去观察时，首先让我们惊讶的事情是这些颜色与环境之间存在的密切关系……从而将食草动物隐藏起来，不会被敌人发现。"

在探讨进化和自然选择方面，华莱士并不是唯一痴迷于研究伪装及其价值的人。甚至在他之前，达尔文的祖父伊拉斯谟（Erasmus），也在进化论的背景下在其诗歌和医学书中提到过动物的伪装。与华莱士同时期的其他几位杰出的自然学家也研究了伪装及其运作机制，其中一位便是杰出的牛津学者爱德华·巴尼尔·普尔东（Edward Bagnall Poulton）。普尔东不仅是达尔文主义的坚定捍卫者，还是一位备受尊敬的科学家，他对可能存在的伪装类型提出了一些关键理论，并进行了相关的实验调查。在某些方面，他受到华莱士关于保护色的作品的启发，于1890年出版了自己的经典著作《动物的颜色》（*Colours of Animals*），将研究重点放在昆虫上。在书中，他概述了自然界中许多有关伪装和其他形式的自然保护色的理论。我们很快就会探讨这些理论。

伪装最终为进化提供了清晰的第一手证据，可以在人类生命的时间范围内观察到胡椒蛾（桦尺蠖）的工业黑化现象。很少有蛾类能像桦尺蠖这种微小又不引人注意的物种被人们研究得如此细致。作为进化方面的教科书例子，也是最著名的伪装和捕食的例子之一，桦尺蠖值得深入研究。

在英国和大部分的温带地区，桦尺蠖都是相对常见的物种，它昼伏夜出。简而言之，故事是这样的：外观迥异的变体桦尺蠖（类型）在受污染的和未受污染的林地应对鸟类捕食者时，生存的状态存在着巨大差异。常见的桦尺蠖通常全身白色，带有黑色的斑点，能够在未受污染的林地里和浅色或者被地衣覆盖的树皮背景下掩蔽，以骗过鸟类。与此相反，黑色桦尺蠖，也就是黑化型，能够更好地隐藏在被严重污染的林地里。在这类林地里，地衣都被杀死了，煤烟染黑了树干（图20）。在18世纪中后期，人们只观察到桦尺蠖的一种形态，也就是传统的桦尺蠖的形态。然后，时间推进到1848年，一位业余的昆虫学家发现了一只黑色的桦尺蠖（黑化型）。黑化型桦尺蠖的增长速度非常快，以至于到20世纪初，黑化型桦尺蠖出现的频次比传统的白色形态的桦尺蠖更高，在一些地区，黑色桦尺蠖的数量甚至占桦尺蠖总数的90%。同时，不同种类的蛾类在同一时间也发生了类似的变化，这些变化都与英国后工业时期烟灰和污染的加重

图 20：桦尺蠖。浅色的传统型（左）隐藏在被地衣覆盖的树皮下，而黑化型（右）能够很好地隐藏在受污染地区被烟灰覆盖的树木中。

明显相关。后来，由于20世纪50年代和60年代的反污染立法（特别是1956年的《清洁空气法》）的确立，这种状况发生了逆转，黑化型蛾类的数量下降，传统型的蛾类数量恢复到了原来的水平。蛾类的这些变化模式在欧洲大陆和北美地区是并行的，显示出动物变形频率的变化与环境受污染程度密切相关。

20世纪50年代初期，伯纳德·凯特威尔（Bernard Kettlewell）进行了一项具有标志性意义的工作，得出的结论是桦尺蠖的变化受到特异伪装和鸟类捕食的共同影响。著名的牛津遗传学家E.B.福特（E.B. Ford）招募昆虫学家凯特威尔进行实验，来测试以下理论，即黑化型蛾类数量的增长主要是因为在污染较严重的地区，鸟为了更好地进行伪装。凯特威尔最著名的实验由几个部分组成，包括测试鸟类是否是捕获蛾类的驱动因素。许多实验表明鸟类捕食者对昆虫的影响，所以这个结论在今天看来显而易见。但是，在凯特威尔的时代，这一点远非如此明确。首先，他预估是否在白色的背景下黑化蛾比传统蛾更容易被发现，但在黑色的背景下黑化蛾伪装得更好。为了证明这一点，他设计出了一个粗略的评分系统，以确定其相对显著性。除此之外，他用圈养的大山雀进行了初步实验，证实鸟类更有可能发现并捕食更显眼的蛾类。

接下来，凯特威尔进行了实地研究。他首先在伯明翰附近的污染林地做了标记，并放飞大量的飞蛾，然后在多塞特郡无污染的林地上重复了同样的工作。作为这些研究的一部分，他在清晨放出活着的飞蛾，在白天检查它们是否还活着。他观察到，在受污染的树林中放飞的黑化蛾很难被发现，而比较显眼的飞蛾更有可能被吃掉。他甚至直接观察到一些鸟类的捕食活动。凯特威尔还放飞了大量有标记的飞蛾，随后使用灯光和捕蛾陷阱重新捕获了尽可能多的个体。其逻辑很简单：黑化型蛾类能够在受污染的林地里隐藏得更好，所以应该更容易存活下来，并且被重新捕获，可是在未受污染的林地则恰恰相反。这正是他发现的结果。在受污染的林地里回捕的飞蛾中，黑化蛾占了27.5％，而传统蛾只占13％；但在干净的林地里，他只回捕了6％的黑化蛾，近13％是白色的传统蛾（对凯特威尔来说，传统蛾也没有那么显眼）。他在伯明翰重复同样的实验，回捕了52％的黑化蛾，但传统蛾只回捕了25％。

最后，为了进一步证明他的发现——蛾类颜色的变化是受鸟类捕食者的驱动，凯特威尔邀请尼可·廷伯根（Niko Tinbergen）（因其在动物行为学方面的研究成就而获得了诺贝尔奖）来拍摄鸟类捕捉飞蛾的过程，从而使怀疑论者确信，飞蛾真的是被鸟吃掉了。拍摄是在伯明翰的第二次实验中进行的，在这次实验中，他把同样数量的黑化蛾和传统蛾放飞到树干上，观察它们在树干上的隐藏情况。在这次实验中，廷伯根拍摄了58次鸟类的捕食活动，这些捕食活动主要针对的是传统蛾，显示出鸟类常常更容易忽视那些伪装较好的黑化蛾。反过来，在多塞特郡的实验中，廷伯根再次记录了放飞到树干上的飞蛾：这一次，正如预期的那样，黑化蛾被吃掉的数量更多。

桦尺蠖的伪装行为和工业黑化现象被认为是著名的进化论证据之一。然而，在20世纪90年代末，这一理论开始受到攻击，主要原因是其涉及反进化创造论者的一项议程，他们想方设法地抨击进化论及其教义。他们围绕当时一些生物学家对凯特威尔研究中细节的质疑，以及这个例子一些未解决的问题进行了讨论。创造论者歪曲了那些科学家的观点，造成了对传统解释仍存疑惑的印象。实际上，绝大多数科学家和论文并没有怀疑凯特威尔研究成果的整体有效性，即肯定桦尺蠖变化背后的主要驱动力是特异伪装和鸟类捕食者。然而，大约在同一时间，也就是在凯特威尔和福特关于桦尺蠖研究的科普读物出版之后，有人提出，凯特威尔在初步实验的结果未按预期实现，是通过伪造数据进行欺诈，而且其他牛津学者（如福特）作为同谋参与了掩盖。然而，正如无数专家后来所指出的那样，这些指控毫无根据。但是，令人遗憾的是，这些指控已经造成了伤害，而且这个例子的有效性更是被广泛质疑。然而，值得注意的是，我们不应该忽视这样的事实：对凯特威尔工作的一些批评是合理的，特别是伪装评估依赖于人的主观性判断，而鸟类的视角与我们截然不同。凯特威尔在他的野外工作中释放了大量飞蛾，并将野生蛾和实验室饲养的蛾相混合，这可能也在一定程度上影响了实验结果。然而，这些因素或者其他因素都不会对总体的结论产生疑问。正如我们现在要讨论的那样，比起在凯特威尔时代，桦尺蠖的欺骗行为在当今得到了更好的检验和支持。

首先，尽管怀疑者并没有反对创造论者，但是大量的评论和论文也在某种程度上重新证实了凯特威尔研究背后的真相。此外，对桦尺蠖的研究仍在继续，而且许多研究重新检验凯特威尔在1966年至1987年间的原始研究数据，显示出这些发现高度一致，而且也与凯特威尔的原始研究一致。这有力地证实了鸟类的捕食是黑化型蛾类数量上升和下降的主要驱动力。迈克·马耶鲁斯（Mike Majerus）是一名在该争议中被歪曲的研究蛾类的专家。他利用紫外线（鸟类可以看到）照相机，证明在鸟的眼中传统蛾类能够更好地伪装并隐藏在苔藓地衣植物中。除此之外，桦尺蠖实际上是一个令人印象非常深刻的以行动进行进化的例子，因为凯特威尔的原始研究数据显示，黑化型蛾类的数量在下降。曼彻斯特大学的劳伦斯·库克（Laurence Cook）等人的报告称，20世纪60年代，英国曼彻斯特地区的桦尺蠖变形频率发生了变化，传统型桦尺蠖变得比较常见。这与20世纪五六十年代英国的清洁空气法的立法刚好吻合，到20世纪80年代中期，黑化型蛾类的数量大幅下降。库克等人则认为，仅与20年前相比的话，当时黑化型蛾类也大约只占12%，在数量上不占优势。黑化型蛾类的这种下降状况在其他地方也有很好的记录。

最后，马耶鲁斯花了很大的力气澄清事实。我在剑桥见过他几次，听说他就这个问题举行过几次专题讨论会，对这样一个完美的进化例子一直受到不公平的抨击，他感到非常沮丧。他告诉我他正在做的工作是为了证明，随着时间的推移（这里是指黑化型蛾类数量的衰退），鸟类的捕食在推动变形频率变化方面的重要性。他的主要研究之一是2001年至2007年在剑桥郡进行的一项为期6年的实验，在此期间，他释放了4 864只飞蛾来测量鸟类的捕食。这可能是有史以来规模最大的捕食实验。

遗憾的是，在马耶鲁斯大部分的研究成果还未来得及发表时，他便于2009年去世。不过他的心血并没有白费。2012年，一批花了多年时间研究桦尺蠖的科学家能够使用和分析马耶鲁斯的研究数据，并在一份科学报告中发表了这些数据。马耶鲁斯实验的主要部分是根据飞蛾在自然界出现的大约频率来释放黑化型飞蛾和传统型飞蛾，同时记录每一种鸟的捕食活动。他将每只飞蛾单独放在网套中，然后将网套放在不同的树枝上，让飞蛾在夜间自然休眠。清晨拂晓前，马耶鲁斯移除网套后，开始监测鸟类的捕食活动。在他所记录的被吃掉的桦尺蠖中，他直接观察到的被鸟类攻击的桦尺蠖占到26%，研究清楚地表明，总的来说，比起白色传统型飞蛾，被吃掉的黑化型飞蛾更多。总而言之，黑化型飞蛾的进化选择在未受污染的地区受到了巨大影响，传统型飞蛾此时的生存概率在84%～97%（桦尺蠖平均存活率为91%）。劳伦斯·库克及其同事在其论文结尾部分就马耶鲁斯的研究作出了一项声明，这项声明应该让所有人都无须怀疑桦尺蠖例子的真实有效性："将这些新证据添加到现有数据中，几乎不可能摆脱之前被人们广为接受的结论：鸟类依靠视觉进行捕食是黑色桦尺蠖在频率上飞速变化的主要原因。"

动物的伪装和桦尺蠖为进化论提供了一个很好的例证。然而，伪装究竟如何进行及其成因非常复杂。十多年来动物的伪装一直是我研究的主要焦点，我的同事和我曾经探讨一个的主要问题就是——伪装究竟如何成功地欺骗了捕食者的视觉。在某些方面，这似乎是显而易见的：伪装只是类似于环境中的另一个物体或者背景。但是，这个答案未能体现伪装达到目的的过程中的复杂性，以及在实践中行得通的隐藏方法。让我们从大概是自然界发现的最广泛和概念上最简单的伪装（以及桦尺蠖使用的那种隐藏方法）开始，这是一种被称为背景匹配的策略，指一个物体（如一只动物）大体的颜色和图案与其被发现时所处的背景环境非常相似。这意味着如果你是一只停在树干上的飞蛾，那么你应该与树皮大体的颜色和图案相似。简单来说，只要飞蛾的颜色和图案与树皮相似，寻找隐藏的飞蛾的捕食者将无法察觉到一只飞蛾就在它的眼前。背景匹配是华莱士等早期进化生物学家最常考虑的伪装类型，但在早期的动物着色研究中，人们通常从人的视觉角度来看待这些现象。

正如华莱士所指出的，背景匹配意味着在不同背景下发现的相关动物群体应该发展或者进化出不同的外表，以变得与各自所处的环境类似。例如，生活在橙色珊瑚上的鱼会随着时间的推移变成橙色，而那些生活在蓝色珊瑚上的鱼会变成蓝色。相反，生活在同一栖息地的不相关的动物群体可能常在外观上相似，就像许多生活在沙漠里的动物那样，从沙漠狐狸到小蜥蜴，都是黄褐色的。这些假设在各种研究中均得到了很好的证明，但最有力的证据可能来自近期对老鼠和蜥蜴的研究。例如，哈佛大学的霍皮·霍克斯特拉（Hopi Hoekstra）和同事发现，当美国囊鼠和田鼠生活在像沙丘那样的浅色基底上时，它们的毛皮呈浅棕色；但是当它们生活在像熔岩流那样的深色环境中时，它们的毛皮呈深色。这些着色差异产生的基本原因是在动物群体分流时，少量相互作用的基因发生了变化。科学家们在新墨西哥州浅色或者深色基底地区生存的几种蜥蜴身上有同样的发现，这涉及少量的基因改变。以田鼠为例，使用橡皮泥制作成浅色或深色田鼠模型的实验结果表明，与不匹配的背景相比，当田鼠处于与其颜色相近的背景中时，它们被捕食者（例如鸟类）攻击的可能性更小。事实上，这种选择性非常强大，显示出为什么我们常常发现动物与它们赖以伪装的环境在颜色上有着明显的联系。

在其他物种中，动物的外观与其所处环境的颜色之间的联系更多的是由个体发育过程中所发生的变化驱动的。我的研究小组研究的主要物种之一是岸蟹（青蟹），这可能是英国和欧洲大部分地区最常见的蟹种（令人心痛的是，这也是世界各地入侵性极强的物种）。它们是一种适应性极强的动物，在泥潭到贻贝床和岩石池都有发现（图21）。

岸蟹非常有趣，因为这些个体不仅伪装很好，而且每一只岸蟹在颜色和图案上都有惊人的差异性，这一特点在幼蟹身上体现得尤为明显。为什么岸蟹特别是幼蟹有如此大的差异？这是一个至今为止我们还没有完全解开的谜团（图22）。基于新加坡国立大学的彼得·托德（Peter Todd）和同事在苏格兰进行的研究，以及我在英国西南部（康沃尔郡）实验室的工作成果，我们知道，岸蟹的颜色会根据栖息地的类型而发生变化，毫无疑问，这是它们在通过伪装与自己所处的不同背景相匹配。与前面提到的田鼠不同，螃蟹之间的基因差异不太可能是导致岸蟹着色差异的主要原因，因为这些研究地点在地理位置上十分接近，而且螃蟹进入开阔的海洋进行繁殖产卵的做法意味着所有这些栖息地的基因库会在其浮游幼体阶段充分混合。因此，螃蟹的大部分变化须是幼蟹在一个特定栖息地安顿下来之后产生的。我们还在努力研究它们是如何产生的，但是已经清楚的是，当螃蟹在一个特别的背景安顿下来后，它们似乎能够在几个小时或几天的时间里改变颜色。更为戏剧性的是，它们能在几个星期或几个月的时间里蜕皮并改变外骨骼上的颜色、图案，在外观上不断地发生着变化。随着时间的推移，它们能很好地与周围的环境相匹配。这个过程被称为"发育可塑性"，可能是螃蟹在看周围的环境时，受到了它们的视觉系统输入的信息引导所致。这种神奇的能力意味着螃蟹的身体可以发育出不同的颜色和图案，以便在各类背景中成功地进行伪装，它们甚至不需

———
图 21：岸蟹针对不同岩石水塘背景的保护色。岸蟹的颜色和图案非常多变，这使得个体能够与各种基底类型混合并匹配。

图片来自马丁·史蒂文斯

图 22：岸蟹令人印象深刻的易变的外观。这些个体都属于同一个物种，发现于英国康沃尔郡的同一片小海滩上。这些岸蟹的年龄和大小各异，左边和中间的主要为成年蟹和接近成年的蟹，右边的主要为幼蟹。

图片来自马丁·史蒂文斯

要在群体中经过基因变异来实现这种变化。

　　毫无争议的是，无论是在同一物种内还是在多种物种之间，动物进化并发展伪装的图案，以与其生活的环境相匹配（尽管我们还不了解这一切究竟是如何发生的）。然而，有什么证据可以证明猎物与背景的匹配确实阻碍了捕食者发现猎物呢？最早的证据可以追溯到1977年，当时马萨诸塞大学的亚历山大·皮埃鲁维奇（Alexandra Pietrewicz）和艾伦·卡米尔（Alan Kamil）展示了飞蛾的伪装如何欺骗了鸟类捕食者。皮埃鲁维奇和卡米尔对他们饲养的6只蓝松鸦进行了训练，观察它们针对幻灯片中有或者没有飞蛾作出的不同反应。蓝松鸦接受的训练是：如果在图像中发现有飞蛾，就啄一下按钮，即所谓的"刺激键"。如果蓝松鸦做对了，它们就会得到一条蚯蚓作为奖励；如果反应不正确，例如在没有飞蛾的情况下就啄了"刺激键"，它们将受到惩罚，延迟一分钟播放下一张幻灯片。幻灯片放映的是棠夜蛾，这群飞蛾在树干上进行了完美的伪装。科学家拍摄的飞蛾照片是固定在树干上或者树枝上的，也有相应的树干没有飞蛾的照片，以制作积极（有飞蛾）的和消极（无飞蛾）的幻灯片。很明显，当飞蛾置身于不太相似的背景时，很容易被鸟发现。这项研究结果现在看来似乎带有可预测性，但这种做法的高明之处在于皮埃鲁维奇和卡米尔的方法和技术运用使他们能够证明，伪装确实对非人类的动物发挥了作用。

　　我之前提到过，在许多这样进行伪装的物种中，有些个体外观各异，有时能在同一地点发现多个变种（所谓的多态性）。人们对这种现象有几种解释，但是往往认为这是伪装欺骗捕食者的另一种方式。察觉到有伪装的猎物有时取决于捕食者的学习和认知过程。设想一个场景：你在一家超市里要从众多产品中寻找你最喜爱的巧克力棒。如果你能记住这种巧克力棒的外包装，你的搜索就会很容易，因为你的大脑可以将注意力集中在与这种外观相匹配的物品上，同时忽略那些外观明显不一致的物品，因此，你的搜索效率更高。但是，你付出的代价是：当你关注一种特定的外观时，你寻找其他不匹配的物品的能力会变差。比方说，你可能会错过放置在过道那一端的一种新的甚至更好的巧克力棒。这个被人广泛称为"搜索图像"的概念已经存在了很长时间。早在1890年，普尔东就提出，对捕食者来说，一次搜索几种不同的猎物比一次只找一

　　　　　　　　　　　　　　　　　　4. 混隐色与运动眩晕策略

种猎物更具挑战性。一般的观点是，通过以往的经验，视觉系统和大脑会把焦点集中在寻找既定外观的猎物上。然而，尽管人们进行了大量研究和科学讨论，但搜索图像的概念也存在一些争议。这是因为，众所周知，很难单独展示一个真正的搜索图像的效果，而不受其他可以同样解释改善觅食效果因素的影响，比如捕食者更快地搜索环境（提高的搜索率）或者更清楚地知道在哪个地方去找到猎物（例如，知道一种蛾类在一棵树的外部枝头上更常见）。

搜索图像理论对于伪装和猎物颜色的进化以及一般的选择过程有一些真正有意义的影响。尤其有一种预测是：它会导致猎物物种的多态性。在同等条件下，在自然界中不太常见的猎物类型比普通的猎物被捕食者遇到的概率更低，这意味着捕食者更难有机会对这种稀有猎物的形态形成搜索图像。因此，猎物罕见的形态具有较低的被捕食风险，从而使其数量开始增加。情况会一直这样，直到它们变得越来越普遍，这时捕食者会转变并形成对它们的搜索图像。其结果是，如果猎物个体具有多种形态，那么便不太可能被吃掉，因为捕食者一次只会专注猎物的一种形态而忽略猎物的其他形态。这也意味着，随着时间的推移，猎物种群的数量在形态的相对比例上会发生波动或者循环。这一过程通常被称为"负频率制约选择"，其中不太常见的类型具有选择性优势。

到目前为止，关于搜索图像的证据及其在自然界中的作用还很有限。这也许并不奇怪，因为这些不太适于野外的研究。然而，根据观察，许多进行伪装的猎物，包括飞蛾、蚱蜢和螃蟹，确实在同一地理位置具有多种形态。一些经典研究表明，形态的类型确实会随着时间的推移而发生波动，这与负频率制约选择一致。然而，对于捕食者的搜索图像以及对猎物外观的影响最佳证据再一次来自利用捕获的蓝松鸦进行的巧妙实验。

在发表了给蓝松鸦观看隐藏有飞蛾的投影幻灯片的效用的论文两年之后，皮埃鲁维奇和卡米尔又开展了一系列的研究，用类似的方法来测试搜索图像这一概念。他们给蓝松鸦播放了多组隐藏有飞蛾的投影幻灯片，并观察连续演示时蓝松鸦发现猎物的次数。他们给一些蓝松鸦播放的一系列幻灯片中只有一种飞蛾（相同外观的飞蛾），而给其他蓝松鸦播放的是两种混合的飞蛾物种（外观不同的飞蛾）。这一测验预测的关键点是，只有那些只看到一种飞蛾的蓝松鸦才能提高发现猎物的能力。隐含在这种观点背后的逻辑是，在混合呈现两类飞蛾时，不同外观的飞蛾会让鸟类无法只将注意力集中在同一外观的飞蛾上，这样就阻碍鸟的搜索图像的形成。而这正是皮埃鲁维奇和卡米尔的发现——当鸟只看到一种飞蛾时，实验结果显示有了极大改善；当鸟遇到两种飞蛾时，实验结果显示几乎没有得到改善。

直到20世纪90年代末至21世纪初，猎物的多态性和频率制约选择问题的研究才取得了显著进展。艾伦·邦德（Alan Bond）和艾伦·卡米尔（现任职于内布拉斯加大学）进行了一系列独创性的研究。他们给蓝松鸦展示了计算机屏幕上"虚拟的飞蛾"，以测试其搜索行为与不同飞蛾类别频率之间的相互关系（图23）。最初，他们给蓝松鸦播放数量有限的固定形态的飞蛾。正如预料的那样，随着时间的推移，他们发现，在负频率制约选择下，这些形态的频率有波动。在后来的实验中，研究人员给飞蛾添加了一种计算机遗传算法，它有点像一个基于计算机的"基因组"，可以给每个飞蛾的外观进行编码，使得它们可以通过与鸟类的不断相遇而进化出新的形态。如同预测的那样，飞蛾种群进化出各种不同的形态类型，而蓝松鸦常常无法发现罕见的或者新颖的飞蛾形态，这与搜索图像理论一致。

为了成功地欺骗捕食者，与背景的颜色和图案相匹配显然至关重要。但是我们也不应该忘记动物行为发挥的作用。华莱士又一次成为首先意识到这一点的人。他曾记载，在旅途中遇到的模仿枯叶的枯叶蝶只会停留在伪装生效的地方。他在报告中称，他在苏门答腊岛观察了大量枯叶蝶，发现它们从来没有停留在花朵或者绿叶上，而是一直栖息在灌木丛中或者成堆的枯叶里，紧靠着树枝，这样其后翅的"尾巴"与植物接触，看起来像是植物的茎。同样，凯特威尔也指出，隐藏的动物会根据它们栖息的背景来调整伪装。如果最终停靠在绿叶上，那么演变成一棵橡树树皮的颜色毫无益处。作为研究桦尺蠖工作的一部分，凯特威尔进行了一项非常简单的实验，他在一个很大的苹果酒桶里交替排列黑色和白色条纹（控制每种条纹的总表面积）。每天晚上，他把3只浅色和3只深色的桦尺蠖放在酒桶里，并在早上记录它们休息的位置。实验结束时，

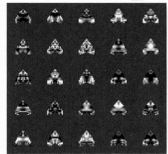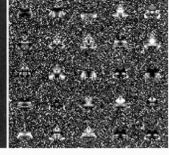

图 23：邦德和卡米尔的实验，用于测试猎物的多态性和捕食者的搜索图像。上图显示一只蓝松鸦在背景中搜索一只隐藏的人造飞蛾。下图显示进化的飞蛾的实例及其外观的多样性（在相同的灰色背景下显示，且与实验中使用的背景形成对比）。

图片来自艾伦·邦德

凯特威尔发现，对于每种形态的类型，选择正确背景的飞蛾大约是选择错误背景的飞蛾数量的两倍（即浅色飞蛾选择白色，深色飞蛾选择黑色）。

20世纪60年代，马萨诸塞大学的特德·萨金特（Ted Sargent）的后续研究也支持了凯特威尔的发现。萨金特采用了非常相似的方法，拿一个涂有不同深浅度的灰色实验箱，向里面投放8种不同种类的飞蛾。深色的飞蛾倾向于停留在较暗的背景中，而浅色的飞蛾倾向于停留在较浅的背景中。和凯特威尔一样，萨金特也发现，同一物种的不同个体在背景的选择上可能有所不同。正因为如此，飞蛾的许多物种和许多形态似乎有能力为其伪装选择适当的背景。凯特威尔提出，飞蛾以某种方式比较了眼部周围的鳞片与背景之间的颜色对比度，以引导这种行为。然而，当萨金特用涂料盖住飞蛾的鳞片，看这是否会影响它们的背景选择时，却没有产生任何效果。这表明这种选择可能固定在一个物种（天生的）的个体中，或者由一些其他机制控制，如评估基底纹理的能力。

上述法则不仅适用于飞蛾和树木，任何改善个体伪装从而令个体与环境匹配的行为都将使其具有优势。许多地面筑巢的鸟类，比如日本鹌鹑，都能产下伪装良好的蛋，从而避免蛋被其他动物吃掉。不同个体的蛋也因母体而异。最近，来自圣安德鲁斯大学的乔治·洛维尔（George Lovell）和同事探讨母鹌鹑是否会根据环境背景来筑巢，从而改善蛋的伪装（图24）。他们让鹌鹑选择不同的基底，这些基底各异，要么明亮，要么黑暗，发现母鹌鹑选择的背景更类似于其蛋的颜色。也就是说，产出浅色蛋的母鹌鹑选择浅色的背景，而产出深色蛋的母鹌鹑选择深色的背景。这意味着，在野外，地面筑巢的鸟类可能会选择一个能为自己的蛋纹提供最佳伪装的地方下蛋。

选择了正确的背景可能仍然不足以完善隐藏策略。另一个关键因素可能是动物定位的方式。凯特威尔在他的桦尺蠖实验中提出，飞蛾并不是在林地寻找最佳的休息场所，而是停靠在一棵树上，然后局部调整自己的位置，以找出适合自己伪装（形态类型）的最佳位置。我们来看一下在树干上进行伪装的另一种飞蛾。树皮经常会有皱褶，在树干上垂直留下线条和小凹槽。许多飞蛾的纹理就类似于这些图案，但这也意味着飞蛾必须停歇在这样的位置，使得树上的线条和它们的身体一致。如果树的图案主要是垂直的，那么飞蛾的纹理呈水平状则毫无用处。飞蛾需要用某种方法将自身定位在正确的位置，以确保其伪装的有效性，这是萨特金提出的观点，而且最近的实验表明，一些蛾类确实这么做了。首尔国立大学的康昌库（Changku Kang）及其同事将飞蛾放到树上，并分析它们落地后的行为。在许多情况下，飞蛾从它们最初的着陆位置和方向改变到一个新的位置和方向。此外，无论对人类而言，还是测试飞蛾对鸟类视觉系统中的样子的模型而言，与飞蛾初始的位置相比，它们在这些新的位置上更难以被发现。随后，研究者还发现，这些飞蛾是否重新调整位置取决于它们最初隐藏程度的好

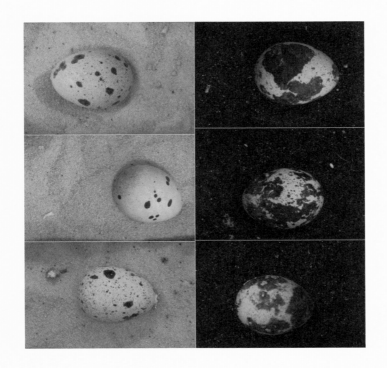

坏：起初就停留在一个能够提供良好伪装地点的飞蛾，不会再调整自己的位置。

　　这些不同的伪装技巧表明了微妙、复杂的伪装是如何逃避捕食者的眼睛的。然而，许多动物还有另一种方法，这种方法使它们能够在相对较短的时间内很好地隐藏在许多种类的背景环境里，即颜色的变化。通过颜色变化来隐藏的动物之王是头足类动物（如乌贼、章鱼和鱿鱼）。它们被许多群体捕食，包括鱼类、可以潜水的鸟类和海洋哺乳动物。它们生活在各种栖息地，从珊瑚礁和海藻森林到沙质环境。头足类动物能力惊人：它们不仅可以快速（在几秒钟内）改变颜色，还可以根据所看

图 24：日本鹌鹑蛋的图案因母体不同而各异。有选择余地时，产浅色蛋的鹌鹑会把蛋产在浅色的基底上，而那些产深色蛋的鹌鹑会把蛋产在深色的基底上，它们通过这种行为来提高对各自的蛋的伪装效果。
　　图片来自乔治·洛维尔／克里·安格里奇

到的背景来选择多种图案类型（图25）。人们对头足类动物进行了广泛研究，特别是罗杰·汉伦（Roger Hanlon）和他在波士顿附近的伍兹霍尔海洋研究所（Woods Hole Oceanographic Institute）的团队。

头足类动物和其他动物改变外观的能力来源于其体内的特殊细胞，尤其是色素细胞。色素细胞包含少量用于改变身体颜色和明暗的色素，头足类动物具有直接受神经细胞控制下的肌肉（这就解释了它们能快速改变的原因）。来自这些神经细胞的脉冲信号使色素细胞扩张或者收缩，从而通过扩散或者集中色素来改变身体表面的颜色和图案。这使得它们能够改变身体花纹的对比度、尺寸、形状和分布，使其与基底相似。许多头足类动物甚至可以改变其皮肤的三维性质，以便与它们试图模仿的环境基底表面的结构或者纹理相匹配。

乌贼（尤其是欧洲乌贼，即欧洲横纹乌贼）是研究伪装如何起效的关键群体。汉伦的团队和其他几个研究团队在实验室进行了许多实验（其中包含潜水时的观察），通常是把乌贼放到不同外观的可控背景下，测试它们身体上的图案是如何产生的。他们发现，乌贼有能力与许多背景类型相匹配，其形状从相对均匀的外观到小斑点的花纹，以及更大、对比度更高的图案。例如，乌贼身体上相对较大、对比度较高的图案倾向于出现在具有十分大的图案的基底环境中（与乌贼的身体尺寸相比），特别是当它面对有明确边缘的图案时。在低对比度基底的图案上，乌贼通常采用更加均匀的纹理。

动物改变颜色用于伪装的能力（在所有能力中，包括与对手或者配偶沟通的能力等）似乎是一种特殊的天赋，事实上，华莱士认为这既"罕见又相当特殊"，但动物的这种能力比我们通常认识到的要广泛得多。除了头足类动物，螃蟹、虾、各种鱼类、蜘蛛、毛毛虫，还有也许是最为有名的变色龙等，它们都会被发现在各种时间尺度内有颜色变化，此处只列举一些物种。这些变化通常很神速（只需几秒甚至更短的时间），由神经系统直接发出信号引起，但有的变化也可以很慢（数分钟、数小时或者数天），如当它们受激素控制时。有些变化甚至是季节性的，如当积雪覆盖时一些哺乳动物和鸟类的颜色变化。普尔东认为，如果一些形式的颜色变化是由于食物改变或者是在发育过程中发生的，可能需要几周。他在19世纪80年代和90年代用毛毛虫进行了一

79   4. 混隐色与运动眩晕策略

些基础实验，这些实验和最近的研究结果表明，环境的背景色和毛毛虫的饮食都对毛毛虫的颜色变化和伪装起到了一定作用。

至今人们还不完全清楚为什么一些动物能够改变颜色，而另一些动物却没有这个能力。颜色变化的优势是使动物能够应对不同背景和不可预测的环境。例如，在我的实验室里，我们花了几年时间研究、考察生活在像岩石池这样的潮间带栖息地的动物的颜色变化。很明显，许多物种，包括各种鱼类和一些螃蟹（包括上文提到的岸蟹），可以改变颜色以改善伪装。一些岩石池的虾虎鱼被放置在

图 25：澳大利亚巨型乌贼（伞膜乌贼）的伪装。左上图：无伪装。左下图：类似背景的颜色和花纹。右图显示它混入并伪装环境中物体的颜色和 3D 结构。

图片来自罗杰·汉伦

不同的背景时，它们可以改变大致的亮度和着色；把它们放置在红色基底的环境中时，它们会变红，大部分的颜色变化只需要1分钟即可完成。对于虾虎鱼而言，这种颜色的变化可能生死攸关。岩石池的环境非常具有挑战性，因为基底（岩石、沙子、砾石、海藻等）看起来差别很大，白天的时候，海浪和潮汐可能会把鱼冲到这些环境中。此外，在涨潮时，几乎可以肯定它们会被大型鱼类和其他海洋捕食者吃掉；而在退潮时，它们会面临被鸟类袭击的危险。因此，能够快速改变身体的颜色以避免在如此凶险的环境中被捕食是很重要的。

到目前为止，我们在本章已经花了大量篇幅来讨论背景的匹配问题。然而，与环境的大致外观相似可能并不总是像我们最初想象的那么有效。一方面，这个过程通常会留下猎物身体形状的完整轮廓，这会被捕食者发现，如即使与环境匹配的效果很好，飞蛾或者鸟蛋的特有形状也很明显。另一方面，捕食者通常可以利用猎物的身体特征，如翅膀、腿、眼睛的边缘部分，以及各种其他线索来搜寻隐藏的猎物。为了有效地进行隐藏，猎物需要掩盖这些特征。那么猎物如何才能做到这一点呢？一个主要途径就是一种被称为混隐色的伪装。混隐色的伪装概念及其相关理论具有悠久的历史，最初由两个人提出，尽管他们有不同的背景，但是他们仍然是许多伪装和着色概念的主要来源。其中一位是我们已经提到过的普尔东，另一位是美国艺术家雅培·H.泰勒（Abbott H. Thayer）。这两位都是达尔文进化论的早期支持者，都主张伪装是进化与适应能力的重要例证。几乎同时，在19世纪末，他们都提出了动物如何改变身体形态的想法。然而，过了相当长一段时间，他们的想法才被接受，甚至得到了科学检验。

泰勒极为详细地介绍了混隐色（或者如他所称的"断裂色"）。1909年，他和他的儿子杰拉尔德（Gerald）一起出版了一本内容丰富且很有影响力的著作《动物王国的隐藏色》（*Concealing Coloration in the Animal Kingdom*）。他在书中详尽地阐述了他的关于动物伪装的各种理论，并提出了相关的概念和观点，这些概念和观点激发了几乎一百年后动物伪装研究工作的复苏，并勾勒出许多关于伪装如何击败捕食者的视觉系统的关键原则。混隐色是这些概念中最重要的一个，泰勒描述并绘制了高对比度的色块是如何破坏动物身体的形状和外观的（图26）。普尔东在1890年针对毛毛虫的一些花

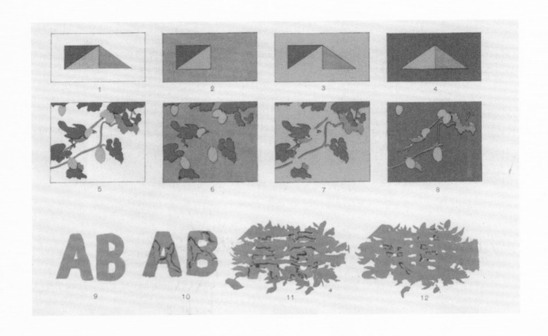

图 26：混隐色的原理。凭借强烈的大块亮色或者对比色，其中一些融入背景中，可用于打破并破坏身体的轮廓。

图片来自泰勒（1909）牛津大学巴德里图书馆，G. 泰勒和 A. 泰勒，1909，动物王国的隐藏色，纽约：麦克米伦公司（第 76 页之后为第 5 版）

纹表达了同样的观点，只是他对这个问题的看法显然还不够完善。泰勒还促进了英国、美国和法国迷彩部队的组建，并帮助将动物伪装的观点运用到人类和机械上。事实上，泰勒相信，他的知识和理论在第一次世界大战期间可以拯救许多生命，尽管他对军方的请求并不总是被接受，反而经常被忽视。但他从实践中率先提出了自己的理论，具有开创性作用。泰勒经常与同事和公众互动，进行展示，或者要求受试者寻找隐藏的模型，如藏在树上的鸟，从而说服他人相信自己的想法。有一次，在英国演示时，他遇见了华莱士和普尔东。普尔东尤其对泰勒的介绍留下了深刻印象（这不足为奇，因为普尔东和泰勒有很多相同的想法），此后他们一直是朋友。

不幸的是，多年来，泰勒和普尔东的理论在很大程度上缺乏科学证据，而泰勒更是经常遭到生物学家的嘲笑。事实上，他提出观点的方式对他没有任何帮助。1909年他在书中阐述了着色如何自然而然地成为动物学领域的一部分。但是，着色属于绘画艺术领域，只有画家才能够对此进行诠释。他指出，这本书"不是要提出理论，而是要加以启示"。这样的言论和傲慢的语气无法为泰勒获得任何支持，许多动物学家对他失去了耐心，从而导致他的工作基本上被人遗忘。泰勒的想法甚至走到了可笑的极端，他认为所有动物的颜色都是用于隐藏的，甚至在日落时变成粉红色的火烈鸟和森林里孔雀花哨的尾巴也是如此。这样的想法显然是错误的，并被作为案例用于本科生的生物课上，"原来如此的故事"听起来很有道理，但是根本没有证据支持。著名古生物学家和科普作家斯蒂芬·J.古尔德（Stephen J. Gould）甚至提到，泰勒的火烈鸟伪装的例子"不合逻辑，不合情理"。

在美国前总统西奥多·罗斯福（Theodore Roosevelt）刚卸任时，泰勒也与他打了口水仗，然而高调口水仗也没能对泰勒的事业有所帮助。罗斯福是一位狂热的博物历史学家，习惯于通过旅行和狩猎来观赏自然界中的动物，他对泰勒和其想法嗤之以鼻。罗斯福质疑自然选择在改变动物着色方面的作用（这是错误的），也质疑了一些泰勒对所有动物如何进行伪装的极端观点（这是正确的）。罗斯福甚至在泰勒的公开演讲活动中提出异议，他在一封信中说："你可能说明了光学中的一些现象，但是你无法阐述实际生活中与动物着色有关的现象。"这里，罗斯福错误地理解了泰勒的部分观点。虽然泰勒明确地筛选了他仔细展示的动物的背景，但这是为了展示一个概念论证，并且以此说明他的伪装理论如何行得通及其有效性。无论如何，罗斯福绝不是唯一严肃批评泰勒及其想法的人，当时围绕着他的研究还有很多人提出辩论和质疑。不幸的是，似乎遭受双相情感障碍或者抑郁症折磨的泰勒在1921年极度失望中去世时，他的有关自然界和军事伪装理论与观念还是没有被人接受，这可能是引起他抑郁的部分原因。

实际上，是动物学家休·科特（Hugh Cott）在1940年出版的关于动物着色的书里将普尔东和泰勒的许多想法正式化，这具有里程碑意义。在这本书中，他用更为清晰、科学的语言概述并扩展了这些理论。像泰勒一样，科特也参与到给军事伪装出谋划策中来，他是一位优秀的艺术家和插画家，还是一位使用摄影技术研究动物着色的先驱。事实上，在指导军事伪装（至少在英国）方面及训导他人理解这个方面，他比泰勒取得了更大的成功，产生了更大的影响力。毫无疑问，部分原因是他在国内和国外服过军役，特别是在第二次世界大战期间。科特的其他职位还包括剑桥大学的动物学博物馆馆长；同时，他游历了非洲、南美洲和中东，研究并描画了许多野生动物。他主张伪装的观点鲜明、论证充分，包括混隐色的概念，以至于他的书至今仍对这一领域影响重大。也许具有讽刺意味的是，正是因为他的观点如此明晰，以至于在他的书出版之后，伪装研究的工作大多停止了。因此，尽管几乎没有科学实验来支撑这些观点，但是像混隐色这样的概念还是成为伪装的教科书式范例。直到最近的15年左右，情况才有所改变。

1940年，混隐色作为一种伪装机制在许多动物群体中被广泛接受。但是它真的有用吗？如果有用，它是如何发挥作用的？我们可以测试隐藏的生存优势的方法之一是不使用真正的猎物，而是使用人造模型作为"猎物"。在布里斯托尔大学攻读博士期间，我和我的导师英尼斯·卡西尔（Innes Cuthill）以及多位同事就是这么做的。我们用三角形的防水纸制作了假的"飞蛾"猎物，在上面印上取自树皮数码照片上特定的颜色和图案。然后，我们给每只"飞蛾"加上一只死了的粉虫（鸟喜欢吃），把它们固定在布里斯托尔附近林地的树上。这个想法不是伪装任何真正的猎物，而是创建一种类似于鸟类会寻找处于自然状态的猎物时的刺激物；同时，此举要非常仔细和精确地改变模型的外观也很容易。我们这样做，可以改变不同种类飞蛾的颜色和图案，从而观察它们如何有效地躲避野生捕食者（图27）。通过连续几天每隔几个小时的监控，我们能够记录下来哪些目标被发现并且被最快吃掉（根据粉虫的消失情况进行判断）。我们的主要研究工作之一是将和树皮的颜色及花纹相匹配的目标"幸存者"与预测是混隐色的目标"幸存者"进行比较。后者的图案也与树干相匹配，但是这一次我们刻意做了一些标记，触及身体轮廓。科特和泰勒预测，如果要使混隐色生效，一些标记应该延伸到身体的轮廓，并融入背景的颜色。此外，飞蛾的其他花纹应与身体特征和环境背景形成鲜明对比，其效果应该是破坏身体轮廓和形状的外观。这听起来很合乎情

图 27：测试混隐色对鸟类捕食者的生存价值。上图显示出人造纸"飞蛾"猎物：左上图的飞蛾具有断裂的花纹，把轮廓分裂了，而右侧图的相邻目标没有花纹；右下图和左下图的飞蛾具有相同的混隐色隐藏图案，但是视觉对比度有高有低，高视觉对比度能更有效地增强混隐色的伪装效果。而下图是另一个实验中固定在树上的人造"飞蛾"例子。

上图来自马丁·史蒂文斯和英尼斯·卡西尔

下图来自马丁·史蒂文斯

理，但是它奏效吗？结果是"非常有效"。在24小时内，那些只是简单复制了树皮图案的非混隐色猎物只有30％～40％的生存率，而混隐色目标有70％的生存率。此外，正如科特和泰勒预测的那样，当与环境相比具有高对比度的花纹时，混隐色目标能够特别有效地隐藏起来。不同研究人员随后一系列的其他研究证实，混隐色比简单的背景匹配能起到更大的作用。

这回答了混隐色是否起作用的问题，但是它如何欺骗了捕食者的眼睛？部分原因似乎来自视觉系统对自然场景中的物体和边界信息进行编码的方式。自然界中的许多信息，包括物体和形状之间的边界，都会随着光的强度发生急剧变化，或者发生从浅到深的过渡。例如，在明亮的天空下，深色树干的形状很容易被衬托出来，因为在树的顶端和天空的底部，光的强度差别明显。视觉系统能高效地将自然场景的信息分解成边缘和边界，标志着不同物体间的转换，这样的方式似乎同样会出现在不同的物种中。例如，可以通过飞蛾的身体接触树的轮廓的边缘来对树上飞蛾的特有形状进行编码。回到混隐色的话题上来，有人提出，混隐色通过使身体形状的特征变得不明显，并防止视觉系统对身体边缘的信息进行编码，可以让捕食者无法察觉到眼前某些东西的存在。在我们完成野外实验后不久，基于视觉系统如何在视觉场景中对边缘信息进行编码，英尼斯和我着手设置了模拟捕食者视觉系统的模型。该模型采用数学算法来计算物体的边缘在哪里，这大致类似于脊椎动物的视觉系统如何对边界信息进行编码。我们把实验中使用的不同目标类型的照片固定在树上，通过模型测试它们，并分析了目标飞蛾的轮廓有多少得以完整保留。与其他伪装类型的猎物相比，混隐色类型的猎物目标在视觉模型中保留的身体边缘信息要少得多，因此该模型在检测混隐色目标方面效果较差。

显示混隐色如何起效的另一个最新证据是由加拿大卡尔顿大学的理查德·韦伯斯特（Richard Webster）、汤姆·谢拉德（Tom Sherratt）及其同事提出的。他们设计了一项计算机实验，来测试戴有眼球追踪设备的人如何寻找计算机屏幕上的藏在树干中混隐色的目标"飞蛾"。这样，实验本质上与野外的环境相似——也使用纸质的飞蛾和鸟。但是，这次进行的是人类与一台计算机的"游戏"。人类需要更长的时间来找到混隐色目标，因为更多的边缘被混隐色的特征打破。受试者在找到目标之前会花费更长的时间寻找，而且常常很可能在搜索过程中忽略混隐色目标。所以，打破身体边缘似乎是隐藏物体的一种很有效的方法。

虽然实验装置不同，但实验结果一致，这对于混隐色的研究是十分有利的。对生物学家研究的许多动物来说，人类并不是天然的捕食者（尽管伪装对我们也很重要），但当我们比较人类玩计算机实验和鸟类在野外或者饲养场觅食时，发现结果惊人的一致。这就告诉我们，混隐色不是一个捕食者群体或者一种猎物种类的怪癖，而是应如我们所期望的，是自然界中常见的普遍原则。事实上，已证有证据表明，它存在于许多动物中，诸如鸟类中的剑鸻、昆虫类中的地毯蛾等。然而，迄今为止，研究中的一个关键缺口在于，除了对人造猎物的研究外，还没有对真实物种中混隐色的发生和重要性进行证明。也就是说，尽管我们预料到了混隐色在自然界广泛存在，但是还没有人对此进行过详细的研究。

迄今为止，除了背景匹配和混隐色之外，我还没有讨论过其他种类的伪装，其实还有很多种。然而，有一种非常专业的隐藏方法，它不是防止猎物被发现，而是防止猎物被识别，人们称之为"乔装"。我们大多数人都曾经遇到过这种情形，即使是在宠物店或者动物园看一只竹节虫的经历。乔装涉及动物模仿环境中一种特定的物体，这类物体通常不会引起捕食者的兴趣，如鸟粪、枯叶或者石头。乔装与其他多数形式的伪装的关键区别在于，捕食者可以发现猎物，但是它无法正确识别猎物，或者是将其作为错误的物体形态进行错误的分类。也就是说，一只鸟在觅食鲜嫩多汁的毛毛虫时会看到树叶上有个像鸟粪一样的东西，但不能正确地识别出它实际上就是一只毛毛虫。因此，乔装与拟态伪装有直接的联系，因为它涉及观察者将猎物错误地分类成其他动物。

我们知道华莱士对枯叶蝶的树叶拟态伪装的印象非常深刻，称它们为"蝴蝶中最美妙、无疑的伪装例子"。如他所述，这些枯叶蝶的底部完美地伪装了枯死或者腐烂树叶的形状和颜色，并且在翅膀上贯穿有一根黑线，像是在伪装树叶的中脉和更小的叶脉。不仅如此，许多枯叶蝶还擅长伪装成各种腐烂状态下的枯叶，正如华莱士所言："柯叶蝶与长在枯叶上的各种微小的真菌非常相似，乍一看不禁会想到这些枯叶蝶被真正的真菌攻击了！"（图28）

人们几乎不用怀疑伪装的存在以及它的有效性。为什么这么多昆虫看起来像是树枝或者树叶？但是，进行实验来证实它的真实性，并探究其工作原理仍然重要，因为我们的感知有时可能是错误的，因此需要通过实验来了解这些适应性是如何运作和进化的，并确定其生存价值。不幸的是，在我们看来是很清楚的事物其实很难被证实。关键的要求是要证明出是捕食者未能正确地对猎物进行归类，而不是单纯地未看见它，这项工作具有挑战性，因为我们不能只是问捕食者为什么没有攻击某物。也就是在最近几年才有实验证据支撑伪装的概念，并证明了我们对伪装预防攻击的假设。格拉斯哥大学的约翰·斯克尔霍恩（John Skelhorn）、格拉夫·鲁克斯顿（Graffe Ruxton）及

其同事进行的几项实验表明，在这个案例中捕食者是实验室新孵出的家养雏鸡，它们缺乏实际捕猎经验，错误地把诸如刺蛾幼虫之类的猎物当成树枝，而不是毛毛虫。在一个实验中，他们给一组小鸡展示了一根正常的山楂树枝（被伪装的物体，这个树枝与毛毛虫看上去相似），又给另一组小鸡展示了用紫线捆起来的外观有所改变的山楂树枝，每组小鸡有两分钟的时间观察并接触各自的山楂树枝（图29）。然后，实验团队向每组小鸡展现了真正的毛毛虫。他们发现，与那些没有看过正常山楂树枝的小鸡相比，看过正常山楂树枝的小鸡在去攻击毛毛虫之前花费了更长时间，而且更加犹豫不决。毫无疑问，每一组中的小鸡都看到了毛毛虫，因为毛毛虫都处于白色的背景下，所以结果不能用检测的差异来解释。而熟悉正常的山楂树枝的小鸡早已知道毛毛虫没有价值，因此便作出视毛毛虫为树枝的反应。

斯克尔霍恩和他的同事也表示，当毛毛虫与模型（山楂树枝）一起被展现给小鸡时，与单独被展现给小鸡时相比，伪装成树枝的毛毛虫受到攻击的可能性更大。这表明，当捕食者可以直接在同一地点比较模型和模拟物时，它们能够更容易确定猎物的存在。这是有道理的，因为直接比较两个相似的物体要比依赖记忆图像来判断物体的外观更加容易。请注意，这种情况不会出现在所有的伪装物种中。人们在树枝上发现了伪装树枝的毛毛虫，但是这个情况不适用于孤立物体（如鸟粪）的物种。如果毛毛虫正好在一个紧邻鸟粪堆的地方模仿鸟粪的外形，则该伪装策略非常不走运。因此，斯克尔霍恩和鲁克斯顿提出，与通常被孤立看到的物种相比，和模型一起被看到的伪装物种应该处于被选择的状态下，能进化出更好的模拟能力。这个可能性引人入胜，但还有待检测。

令人惊讶的是，尽管这项研究在证明伪装确实可以通过防止识别物体而非发现物体方面做得很好，但是很少有研究从捕食者的视角观察分析伪装的猎物是否确实与模型的外观匹配。更重要的是，虽然有一些筑网蜘蛛通过模仿鸟粪来保护自己，从而避免被觅食的鸟吃掉的证据，但是基于真实环境和真实捕食者的伪装实验并不常见。另一项最新的研究探索了一种来自婆罗洲角飞蜥（后文简称"蜥蜴"）的着色。该物种生活在几种森林栖息地，包括红树林和低地森林。新南威尔士大学和墨尔本大学的丹尼尔·克洛普（Danielle Klomp）及其同事分析了这种蜥蜴在树木之间滑行时外膜的颜色。他们发现，

4. 混隐色与运动眩晕策略

蜥蜴外膜的颜色与其栖息地的落叶颜色密切相关，这很可能是鸟类捕食者的视觉系统所能看到的。来自红树林环境的蜥蜴着色更接近红树林落叶（通常为亮红色）的颜色，而不像低地森林（通常为黑色至黄绿色）树叶（图30）的颜色。低地地区的蜥蜴颜色则与之相反。这表明，这两种蜥蜴在外观上产生了偏离，分别与自己滑行时所在栖息地的落叶颜色相似。这可能代表着很强的生存优势，众所周知，动物的运动很容易将自己暴露给捕食者。而蜥蜴经常滑行，这会使它们面临很大的风险。至今还没有研究检测出鸟类是否被这种相似性愚弄，或者蜥蜴的滑行行为是否与落叶的运动相似，但是至少蜥蜴身体的尺寸与树叶的大小相当。

　　还有另一种伪装我们尚未讨论，它与其他类型的伪装差别很大，因为它能防止猎物在移动时被捕获。这是一种被称为"运动眩晕"的策略，因为人们认为它是用来使观察者（特别是捕食者）的视觉系统眩晕或者混乱的。通常，"运动眩晕"策略被认为是一个物体身上有对比度高的条

图29：用小鸡和模仿树枝的毛毛虫做实验测试伪装。此实验用正常的树枝或者用紫线捆起来的外观已改变的树枝来训练小鸡，然后测试小鸡攻击真正的毛毛虫的可能性。与那些用紫线绑起来的外观已改变的树枝相比，用正常树枝训练的小鸡不太可能认为毛毛虫是猎物。

图片来自约翰·斯克尔霍恩

纹或者条带图案，使得观察者难以判断这个物体移动的速度和方向。这个理论的根源实际上更多地来自军事，而非自然伪装，这是第一次世界大战之前、期间和之后，由包括泰勒和许多其他人在内的艺术家和生物学家共同研究的结果。熟悉第一次世界大战期间军舰和一些民用船舶的人可能会记得，这些船只常常涂上高对比度的复杂的锯齿形几何标记，包括奇怪的形状和条纹。所谓的效果之一是使敌方的潜艇瞄准器难以判断一艘船的移动方式。这种模式是否真的起作用尚不清楚，但是考虑到有很多物种具有条纹或者锯齿形的标记，包括鱼、蛇以及斑马，所以这个理论应用在动物身上可能也不足为奇。

那么，有无证据证明"运动眩晕"策略是奏效的呢？ 20世纪70年代及后来的研究表明，一些蛇的移动方式与它们具有的图案之间存在着关联，包括纵向的和横向的条纹，以及"之"字形图案。例如，在某些物种中，如蝰蛇，雄性蛇看起来与雌性蛇完全不同，常常有更加突出的条纹图案，这些条纹图案可能与更高强度的运动和活动相关。这意味着物种的外观可能已经进化了，使得捕获猎物更加困难。然而，这项结论并不明确，因为也有研究表明毒蛇身上"之"字形图案似乎是在向捕食者表明它们被严重咬伤（这是一个警告信号）。所以，除了一些间接的研究以及关于观察者被蛇的运动和图案迷惑的轶事报道之外，直到最近还没有真正的证据表明运动眩晕策略作为一个运行机制在起作用。

几年前，格雷姆·鲁克斯顿和我以及多位同事决定，测试带状或者锯齿形的标记是否至少在理论上会使观察者难以捕捉到一个移动的目标。为此，我们向受试者展现了在计算机屏幕上移动的矩形目标，背景是真实环境下（枯树或者草地）的图像，而且目标上标有不同宽度和对比度的条纹图案。然后，我们让受试者（大部分是研究生）玩计算机"游戏"，每个人都必须在1 min内尽可能多地捕获一个特定图案的目标（图31）。结果表明，均匀且明显的白色目标易于捕获，而带有条纹或者锯齿形的目标较难捕获。在研究中，我们还发现，眩晕不仅仅有原本的花纹产生的效果，因为目标物体在背景（与目标匹配的背景类似于该背景的形状和颜色）中静止时难以让人察觉，它们在移动时反而比条纹目标更容易被捕捉。布里斯托大学的尼克·斯科特－塞缪尔（Nick Scott-Samuel）和同事随后的研究也表明，一些令人眩晕的图案似乎会导致人们在判断两个不

　　　　　　　　　　　　　　　　　　　　4. 混隐色与运动眩晕策略

图 30：滑行蜥蜴的树叶伪装。上图显示了几个物种和蜥蜴种群在落叶旁滑行的襟翼。在 6 组对照的图片中，每一组的左侧是蜥蜴，右侧是树叶。下图的两只蜥蜴来自克洛普及其同事的研究。

上图来自丹尼尔·克洛普；下图来自戴维·司徒艾特 - 福克斯

同图案的物体中哪个移动得更快时出错。因此，尽管这些研究结果与其他的研究结果并不总是完全清晰，但有越来越多的证据表明，眩晕的标记至少可以愚弄人类观察者，并对他们的捕获行为产生连锁反应。

关键问题当然是"运动眩晕"策略是否会在脱离人类生活情境的野外起作用。可惜的是，迄今为止还没有多少实验对其进行测试，而且这并非易事。尽管如此，最近的一项研究表明，这是可行的。来自英国布里斯托大学的马丁·豪（Martin How）和皇家霍洛威大学的约翰内斯·詹克斯（Johannes Zanker）建立了一个计算机模型，他们的模型中包含一个潜在的捕食者，研究运动检测在动物视觉中如何发挥作用。随后他们向模型展示了斑马和没有图案的马的图像，同时对它们的移动进行仿真模拟。该模型在面对斑马的图像时，特别是成群的斑马时，会得出大量错误的信息。相比之下，当模型面对没有图案的马的图像时，检测不到这样的运动迷惑。毫无疑问，自然界中有许多条纹动物表现出高水平的运动能力，它们通常是群居性动物，例如鱼群。我确信，"运动眩晕"是造成这个现象的一个关键因素。但是，"运动眩晕"在自然环境中的重要性仍然是一个悬而未决的问题。请注意，关于斑马为什么会有条纹的问题，目前仍然存在相当大的争议。加州大学戴维斯分校的蒂姆·卡罗（Tim Caro）及其同事在最近的研究中测试了斑马不同种类和亚种群身上条纹存在的相关生态因素，包括捕食的压力、温度和栖息地的类型。他们发现，几乎没有任何证据能够表明，条纹的出现是在为了防止被如狮子或者鬣狗等一些动物捕食的自然选择下进化的结果，反而与气候变量（温度和湿度）之间具有显著的相关性，这种气候变量与令人讨厌的叮咬性昆虫的分布密切相关，而斑马似乎特别容易遭到昆虫的叮咬。因此，斑马的条纹似乎有助于防止叮咬性昆虫的攻击，而且部分原因可能是运用"运动眩晕"策略针对叮咬性昆虫的结果，而非针对掠食者，尽管这个课题还需要进一步研究。

总体而言，本章的一个重要信息是，伪装并不是一种简单的单向途径，用以防止捕食者的发现和攻击，而是动物用来欺骗捕食者及其视觉系统的复杂多样的方法。最近关于这方面的理论取得了很大进展：除了19世纪后期许多未经证实的理论之外，在短短十几年的时间里，人类从几乎研究空白到现在已经取得了实质性的进展，加深了人们对欺

骗行为和捕食者-猎物的关系发挥作用的机制以及欺骗手段的多样性的了解。这些理论中有许多来自进化生物学的先驱和早期博物史学家。具有讽刺意味的是，正如北艾奥华大学的罗伊·贝伦斯（Roy Behrens，多年来致力于研究艺术和伪装，包括泰勒的著作）已经注意到的，泰勒在世时因天使等主题的绘画作品而闻名于世，但是科学界却忽视了他有关伪装的观点。不过，现在他的伪装理论在引导现代隐形研究方面被广泛重视，起到了指导性作用，反倒使他的艺术成就被人遗忘了。在过去的几年中，人们已经举办了几次关于泰勒的作品展，尤其聚焦于他的博物

图 31：用于验证运动眩晕策略的计算机"游戏"实验。其中参与的人被要求在标有不同图案的计算机屏幕上尝试捕获移动的目标。
图片来自马丁·史蒂文斯

历史和伪装的画作。我有幸参加了其中的一次，并发表了演讲。这是一个关于伪装以及泰勒在华盛顿特区陆军和海军俱乐部生活及工作的专题讨论会，由史密森学会协办，探讨了泰勒的成就和思想的再次复兴。他的理论与普尔东、华莱士以及科特的理论，在一个多世纪之后被证明非常准确和敏锐。现在，我们需要花费更多的时间和精力，来了解动物的混隐色、伪装和"运动眩晕"策略在真实的物种中是如何发挥作用并进化的。目前的许多发现都是在人为环境下进行的，包括计算机游戏、实验室研究或者人造猎物的实验，但是我们对伪装是如何在处于不同栖息地的真正的动物身上发挥作用、发展和进化的还不甚了解。我们还需要学习更多知识，去了解伪装如何在非视觉的条件下发挥作用，以及如何在不同的生物群体（如植物）中发挥作用。关于进化的机制，还有许多未知的奥秘等待我们去探求。

5

披着蚂蚁外衣的蜘蛛

并非所有的动物都可以成为盘中餐，相反，有许多种类的动物具有危险性或者令人不快的特性，以抵御潜在的攻击者。蓝环章鱼臭名远扬的毒液、瓢虫令人恶心的味道或者臭鼬令人作呕的气味，这些都只是成千上万类例子中的3个而已。这些防御手段的目的在于对付自己的天敌，尤其是潜在的捕食者，不过它们却往往无所遁形，很少能够隐藏起来。事实上，恰恰相反：有毒的或者危险的动物经常通过显露其引人注目的色斑或者发出难闻的气味向四处宣扬，试图警告其他动物应当避开它们。许多瓢虫身着鲜艳的红黄两色，臭鼬全身带有显眼的黑白条纹，而蓝环章鱼的标记是蓝色环形物。多年来，人们早已了解了其中的奥秘。当年达尔文在构想他的性别选择理论时，认识到许多动物身上鲜亮的颜色是为了求偶。但是，一些用他的理论无法解释的现象也把他难住了：为什么许多还未性成熟的动物，比如各种毛毛虫，即使不繁殖也那么艳丽、显眼？达尔文向另一位英国维多利亚时代的重要博物学家和探险家亨利·沃尔特·贝茨请教，贝茨又引荐他向华莱士求教。1867年，华莱士给达尔文写了一封信，解答了这个问题：色彩鲜亮的幼虫发出信号是在通知捕食者，告知它们不适合成为盘中餐。这令达尔文大为喜悦，他回信说："贝茨的引荐绝对正确，你是我在困难的时候最适合求助的人。我从来没有听到过比你的建议更具独创性的建议。"华莱士的深刻见解是，如果有毒的或者危险的动物看似无害，那就不会警告潜在的攻击者去避开它们，否则在捕食者获知这种防御手段之前，它们可能已被杀死。

早期进化论者E.B.普尔东是与华莱士并肩进行研究的人，他极为详细地陈述了警报信号（即他所定义的防护色信号，也是如今的统称）是如何发挥作用的。普尔东注意到，自然界有许多令人不快的物种有着鲜亮的颜色和图案，尤其是红色和黄色。他提出，如果防御性动物使用这些信号突出其令人不快的特点，它们得能避开捕食者的攻击。他提出，这些警报信号十分鲜明显眼，能"教育"潜在的敌人，帮助其了解并记住应当避开哪些动物。长达几十年的大量研究都支持了华莱士和普尔东的观点，显示出防护色信号以两种主要方式广泛地发挥着作用。第一，通过背景环境（和其他无防御能力的动物）反衬下的醒目标记，有毒的猎物会使捕食者在进行攻击时十分小心。第二，当捕食者真的发起攻击并以令人惊异的速度结束攻击时，它们很快地学会将鲜亮的颜色、图案、气味和声音与毒性或者危险联系在一起，从而在以后避开这种猎物及其类似的物种。在这个过程中，捕食者和猎物双双受益：猎物能够避免受到攻击或者成为盘中餐，而捕食者也能够避开代价高昂的对抗。

这些警报信号并没有欺骗性。事实上，恰恰相反。总的说来，这是一种"诚实"的方式，通过这种方式，被捕食者可以告知捕食者避开它们。但是直到现在，如同我们所了解的，无论在哪里，只要有真实的信号，就仍然会有欺骗行为，这样的例证可以告诉我们更多关于物种之间的进化过程和交流方式。至于警报信号，许多完全无害的动物也显示出与有毒猎物的物种类似的颜色和图案，即前文提及的贝茨氏拟态（图32）。H.W.贝茨是维多利亚时代伟大的博物学家之一，在莱斯特与华莱士相遇之后成为华莱士的旅友。1848年，两人一起考察亚马孙河和尼格罗河，发现了许多新的物种，并提出了物种起源的问题。出于某种不甚明了的原因，1850年，贝茨和华莱士分道扬镳，各自探索该地区的不同地方。贝茨是一位杰出的昆虫学家，在亚马孙河地区一直待到1859年，将8 000多种新物种带给了科学界。在考察期间，他对蝴蝶进行了大量的研究和观

图 32：无害昆虫的贝茨氏
拟态例证。左上图是有令人
不快的叮蜇特性的黄蜂，其
为各种无害物种所模仿，包
括右上图的食蚜蝇、左下图
的覆盆子皇冠钻蛾和右下图
的糖枫钻甲虫。
左上图来自乔·塞亚布拉，
123RF（版权所有）；右上
图来自安德鲁·扬；左下图
和右下图来自米迦勒·朗茨

察，包括袖蝶属的蝴蝶，这类蝴蝶从一群不同种类的有毒
蝴蝶而闻名。贝茨注意到，这些种类的蝴蝶常常在外表和
飞行上与其他不相关的可食用的蝴蝶种类非常相似，但鸟
类似乎对这两类蝴蝶都避而远之。在野外，贝茨一开始也
被这些伪装者欺骗了。在达尔文的《物种的进化》（On the
Origin of Species）出版之后，贝茨大为惊讶，但也很快意
识到，他观察到的蝴蝶间的相似性能够为进化论和自然选
择理论提供一些最好的证据。他意识到，如果一个完全可
食的被捕食物种能够进化，并且看起来像一个同时出现的
危险物种，那么它就会获得保护，因为捕食者也会错误地
避开它，尤其是模仿的特别接近时。这就是贝茨氏拟态的

精髓，即一种无害的物种与一种危险的或令人不快的物种相似。贝茨的观点为达尔文的自然选择理论提供了一些最好的早期依据，达尔文在读了贝茨1862年发表的论文后也认可这种观点。同年11月，他写信给贝茨说："我认为，这是我至今读过的最优秀的论文之一。"尽管今天的生物学家早已广泛接受了这一观点，但是关于贝茨氏拟态究竟是如何运作的，还留存着各种悬而未决的问题，现在的科学研究也才刚刚开始着手解决这些问题。

研究贝茨氏拟态现象的一个基本难题是证明动物确实是个伪装者。几十年来，这一研究只是受以人类的主观判断为基础的例证的支配。人们认为，这些物种看起来像是其他物种，所以它们被认为是伪装者。但是这引发了无数问题。首先，许多动物，包括大部分伪装者中的捕食者，具有与我们人类自身不同的视觉系统和感知力。其次，在贝茨氏拟态的许多案例中，被模仿的到底是哪一个物种（即对应的"模型"）还不甚明了。例如，许多食蚜蝇看起来像是蜜蜂和黄蜂，但是它们到底是在模仿哪一种物种呢？事实上，许多伪装者可能甚至还没有进化到像某一特定物种的地步，而是比较明显得像一个特定群体中的许多有毒的模型物种，例如，食蚜蝇大致成为大黄蜂的伪装者。这些问题使人们很难检验拟态伪装，原因在于如果我们不知道某个模型物种是什么，我们就无法比较该模型物种与伪装者的相似程度，于是就无法设计实验来检验拟态伪装是如何在真正的物种中起作用的。最终，拟态伪装的实验需要显示出某个伪装者被捕食者划分到"错误的"物种中去（例如，一只鸟错误地将一只食蚜蝇划分到黄蜂的类别中），其实这类实验并不常发生。不过，这项实验在好几个动物种群中都取得了进展，也教给了我们一些重要知识，即适应性和物种间的相互作用是如何运行的。

可以以食蚜蝇的研究为例，来展示贝茨氏拟态所面临的挑战以及如何解决这些问题。食蚜蝇有6 000余种，是在英国和北美大部分温带地区最普通的花园昆虫，除了南极洲，在世界各地都可以见到它们。它们中的许多食蚜蝇是闻名的飞行能手，能够进行快速俯冲动作，并且能飞快地拍打翅膀在半空中盘旋。尽管食蚜蝇的一些种类毫无害处，但是在某种程度上它们与黄蜂和蜜蜂的外表接近（图33）。长期以来，食蚜蝇因数量丰富、种类繁多，一直是研究并探讨贝茨氏拟态理论的一类有价值的昆虫。

然而，早期的多数研究工作只是涉及描述食蚜蝇及其假定的模型物种在人类眼中

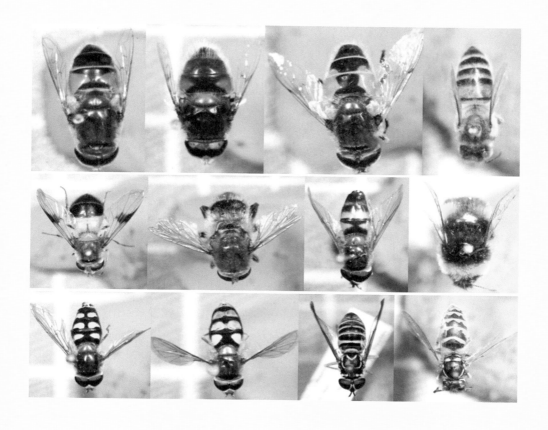

图 33: 不同种类的食蚜蝇的拟态伪装。上面一行显示的是 3 类食蚜蝇及其暗含的模型种类（右边是一只蜜蜂），中间一行显示的是 3 只被认为是模仿大黄蜂（右边）的食蚜蝇，下面一行显示的是 3 只被认为是模仿黄蜂（右面）的食蚜蝇。注意，这里显示的模型物种并不一定是图中每一个食蚜蝇物种的特定模型。

图片来自希瑟·彭尼和加拿大国家昆虫收藏协会（蛛形纲和线虫类）

的样子，而关于它们是否为真正的贝茨氏拟态的实验证据还远远不够。一个值得注意的例外是早在1935年格哈德·穆斯特勒（Gerhard Mostler）做的研究工作。他将食蚜蝇及其模型物种（蜜蜂或者黄蜂）放到一个房间里，让它们受到来自不同种类、有过各种经历、自由飞行的鸟的攻击。通过改变释放食蚜蝇或者蜜蜂/黄蜂的顺序，他能够观察到鸟是如何在近期经验的基础上对每类昆虫作出反应的。穆斯特勒有许多有趣的发现。在第一个例证中，他证实食蚜蝇因拟态伪装而未受到攻击，而且它们受保护的程度与它和模型物种的相似程度相关（至少从人类的视角来看如此）。他的研究还表明，鸟确实会将食蚜蝇误认为黄蜂。当他先把黄蜂放出来，再将食蚜蝇放出来时，鸟有时候会避开食蚜蝇。与之形成对比的是，当他先把食蚜蝇放出来，再将黄蜂放出来时，食蚜蝇常常遭到攻击。事实上，在这种情况下，鸟常常随后会攻击黄蜂，这证明贝茨氏拟态可能使模型物种付出代价。由于这些原因，我们常常认为，与用于欺骗的模型物种相比，拟态伪装应当不太常见，这也是贝茨和华莱士在很早之前就提出的观点。虽然贝茨观察的许多进行拟态伪装的蝴蝶确实很罕见，但是到底它的真实性有多大还不得而知，而且有时食蚜蝇的拟态伪装情况确实也很常见。

　　除了穆斯特勒的研究以及偶然的其他例外研究，直到新千年之交，科学家才真正掌握了食蚜蝇模仿黄蜂和蜜蜂的各种特点的证据。这项研究也开始检测有关拟态伪装动态发展的核心理论，随着时间和空间的发展，我们预料到这一切终会发生。这一研究最初的部分工作仍然依靠人来做，但已开始进一步证明拟态伪装是如何进行的。这项研究除了展现被认为不是伪装者的其他两翼昆虫物种之外，还给大学生和在校儿童展示了有毒刺、会蜇人的黄蜂和蜜蜂的图像。正如所料，这些学生也常常受食蚜蝇的蒙蔽，认为它们有可能比没有进行拟态伪装的两翼昆虫更能叮咬人类。然而，他们不太可能认为食蚜蝇会比真正的蜜蜂和黄蜂更具有潜在的危害。研究人员还发现，当食蚜蝇的模仿能力已经被判定为更胜一筹时，学生们也更有可能被蒙骗。因此，至少对于人类而言，食蚜蝇常常被错误地划分到它们潜在的模型物种之列。但是，在各类物种中，这种欺骗性的效果各不相同。除此以外，对人的判断起作用的不仅仅是食蚜蝇的黄色和黑色标记的存在，还在于这些标记的排列方式。这说明，动物想要成为一个令人信服的伪装者，它自身的图案也起到了很大作用。

这项研究十分有用，毕竟人类确实有很好的视觉能力，因而应当能够对动物间任何接近的相似性进行理性判断。然而，这样的研究也受到了一定的批评，因为人类并不是食蚜蝇和黄蜂／蜜蜂的天然捕食者，因此人类的视觉能力并不是导致拟态伪装进化的选择压力。特别是，人类的视觉能力在许多重要的方面与鸟类差别很大，而鸟很可能是主要捕食者，这一点很快会在后文中探讨。至少有一项早期研究确实分析了鸟类如何察觉到食蚜蝇，这涉及埃克塞特大学的温纳德·迪特里希（Winand Dittrich）及其诺丁汉大学的同事在1993年采用的一种聪明的实验方法。他们采用一种心理学上称为操作性条件反射的经典实验方法，向"退役的"赛鸽展示黄蜂、食蚜蝇和其他两翼昆虫的照片。这种技巧涉及训练受试者来区别奖赏（或者惩罚）刺激物，以它们作出的决定为基础，然后检验它们后来对之前未遇到过的新刺激物的反应，以决定受试者如何将刺激物进行分类。人们在20世纪50年代对这一技巧进行了大量引用，当时有个著名的训练老鼠按压与不同颜色灯光相连的按钮开关的实验。如果老鼠按压了其中一种颜色，人们会用食物奖赏它们；但是如果它们进行了另一种选择，人们就会用轻微的电击来惩罚它们。不出所料，老鼠很快学会了将行为选择（按压一种颜色的开关）与随后的结果联系起来。在迪特里希的研究中，研究者用食物奖赏的方法训练鸽子，让它们识别出没有进行拟态伪装的两翼昆虫或者黄蜂，他们以幻灯片的形式给鸽子呈现黄蜂或者两翼昆虫的照片（鸽子被训练来识别哪个物种取决于鸽子的个体差异）。训练期过后，研究者检测了食蚜蝇拟态伪装的有效程度。他们给鸽子呈现新的黄蜂、没有拟态伪装的两翼昆虫和食蚜蝇的照片，并测量鸽子对幻灯片做出反应的次数所占的比例。实验表明，鸽子将食蚜蝇错误地归类为黄蜂的可能性要远远大于鸽子将没有进行拟态伪装的两翼昆虫识别为黄蜂的可能性。这样，拟态伪装好像也欺骗了这些鸽子。此外，鸽子进行的分类与人类对拟态伪装的估计大体相似，不过也有一些例外，后文很快会谈到这一点。

迪特里希的鸽子实验的结果好像十分明显，但它重要的是证明了食蚜蝇确实向一个相关的观察者（一只鸟）伪装了黄蜂，并了解了食蚜蝇是如何严密地进行这一伪

5. 披着蚂蚁外衣的蜘蛛

装行为的。然而，对于这一发现，我们仍然需要谨慎对待，因为这项研究中幻灯片上使用的照片是按照人的视觉看到的颜色选择的。人们设计照片是为了复制世界上物体的颜色和亮度，通过一种模拟的方式刺激我们的视觉系统。当我们自然地观看这些物体时，这种模拟方式就会发生。如我们在第2章中所探讨的，人类的色觉涉及3种锥形（常称为"红""绿"和"蓝"，因为它们是3种锥形细胞所引起的色感），而鸟有4种锥形的色觉，涉及色彩感知，包括对紫外线敏感的一种锥形细胞。因此，许多鸟类可能会比我们看到的颜色范围更广，而且可能对食蚜蝇及其模型物种有不同的感知。照片和许多电视机的色彩再现是以有限数量的发光物质（红、绿、蓝）或者色素为基础的，这些材料的强度不是为了模仿真实环境中物体精确的自然光谱，而是为了刺激人眼中的细胞，就像直接观看物体一样。然而，对鸟类而言，一台鸟类看的电视机将需要4种这样的荧光粉，包括1种紫外线荧光粉，以适当地复制自然的颜色。当鸟类看着照片或者电视机时，我们可以想象它们会像我们在看最喜欢的节目时一样，但电视上那个红色的荧光粉被调整了，也就是说，它们看到的不是自然的颜色。

迪特里希的研究也没有检验出鸽子采用了两翼昆虫和黄蜂的哪些特色（比如颜色、条纹等），来感知它们是模型物种还是伪装者或者两者都不是，也就是说，是食蚜蝇外表的什么特征使得它们成为有效的伪装者。要识别这些关键特征并非易事，因为我们无法简单地让鸽子告诉我们，它们为什么以这种方式将昆虫分类。最明显的实验是去改变食蚜蝇外表的特征，使得它们多多少少看起来像黄蜂，然后去考察它是如何影响鸽子去分类的。到目前为止，还没有人这样做过。不过，最近，加拿大卡尔顿大学的汤姆·谢拉德和他的团队（包括鸽子实验工作中最初研究者之一）采用了一种不同的方法。他们拿出迪特里希原先使用的幻灯片与鸽子作出反应的数据进行比较，然后建立了一个数学模型来分析鸽子的行为。他们测量的特与昆虫外表的17个方面相对应，包括触角的长度、身体形状和宽度，以及条纹的数量和颜色。这一模型基本上是一种"人工神经网络"——数学工具，它具有使用机器学习的功能，用增长的经验或者训练来学习将刺激物和数据进行归类，并且明显地受到真正的动物神经系统的启发，因为它由一系列互相连接的神经元组成。研究者将食蚜蝇的外表数据输入模型，让模型能够

"学习"这些昆虫的外表。然后，如他们所言，"逆向设计"鸽子的识别过程，来计算不同的视觉特征在多大程度上决定了其选择的判断过程。

这些研究结果很有启发作用。首先，在将食蚜蝇归类为黄蜂或者两翼昆虫时，这一模型显示出与鸽子有很相似的特点；其次，研究采用的最重要特征是黄蜂或者两翼昆虫的条纹数目、触角长度、条纹的对比度和条纹/身体的颜色。因而，只有一小部分潜在的特征好像被用于归类过程中。然而，哪些特征最为重要还取决于迪特里希研究中的鸽子最初是如何训练的。最初受训来识别黄蜂的鸽子好像已经学会主要以昆虫条纹的颜色、对比度和数目为基础对黄蜂进行归类，而最初受训来识别未伪装的两翼昆虫的鸽子使用最多的办法（除了颜色之外）是识别黄蜂的触角长度和身体形态的某些方面。这样，受训识别黄蜂的鸽子利用了黄蜂的颜色和条纹，而受训识别两翼昆虫的鸽子则利用了身体形态某些方面的特点。这显示出捕食者学会识别刺激物的显著特征，这与在将它们归类为一个固定的对象类型时关系最密切，对拟态伪装有连锁效应。因为伪装者应当是处于最大的选择压力下来伪装成外表相似的那些特征，从而让捕食者错误地进行分类，将伪装者归类到错误的对象类别中。例如，如果你想要在外表上看似一只黄蜂，你就需要首先在颜色、对比度和条纹的数目上与之相匹配。

食蚜蝇的另一个显著特点是它们发出的噪声。如果你聆听它们在树上或者树里面发出的声音，你会听到它们频繁地发出阵阵"嗡嗡"声。这些早已广为人知，意味着它们在模仿黄蜂和蜜蜂发出的特有声音。然而，现有的论据难以真正支撑这一观点。汤姆·谢拉德实验室的另一项研究将黄蜂、蜜蜂、食蚜蝇发出的声音与未曾进行拟态伪装的两翼昆虫进行比较。虽然大黄蜂和食蚜蝇发出的声音有些相似，但是，总的说来，黄蜂和蜜蜂的声音与食蚜蝇的声音还是有差别的。而且没有证据显示，与其他黄蜂/蜜蜂的物种相比，食蚜蝇的声音与人们认可的模型所发出的声音更为相似。事实上，所有食蚜蝇之间的声音都比较相似，不过这也许不是这一观点的最终结果，因为研究的声音仅限于这些昆虫受到模拟攻击时。当昆虫没有受到攻击时发出噪声，或者把昆虫关到屋里来测量它们的噪声时，声音的拟态伪装就有可能发生。事实上，理想状态的拟态伪装和警报信号应当首先阻止攻击的发生，而不是在攻击发生时充当次级

5. 披着蚂蚁外衣的蜘蛛

防御。所以，我们可能期望拟态伪装涉及攻击之前使用的声音。最后，如同作者所指出的，我们不知道捕食者听到声音后是如何进行分析的，所以很难断定到底是声音拟态伪装的哪些方面在起作用。

虽然食蚜蝇的听觉拟态伪装存在争议，但似乎有许多物种都用行为拟态伪装来补充它们的颜色、图案拟态伪装。这里，某些食蚜蝇明显采取了一些行为来增加它们与黄蜂或者蜜蜂相似性。其中包括它们模仿黄蜂叮咬时腹部的动作，它们把前腿伸过头颅，就像黄蜂伸长的触角一样。谢拉德和其他人在最近的研究中再次测试了是否行为的拟态伪装与颜色、图案的拟态伪装紧密相关。他们从加拿大收集了57种食蚜蝇的活体样本，并在实验室测试了它们的行为。为了做这些研究，他们用嘴巴塞得满满的一只鸟（冠蓝鸦）来刺激两翼昆虫，以模仿攻击行为，然后记录两翼昆虫不同的行为反应。除此之外，对于每一种食蚜蝇，他们以人们对拟态伪装作用的评价为基础，均把其视觉拟态伪装水平与5个不同的黄蜂和蜜蜂模型中的1个进行对比。在所有被分析的物种中，只有6个物种显示出某种程度的行为拟态伪装，所有这些物种都可能是模仿黄蜂的食蚜蝇。然而，食蚜蝇的这种行为拟态伪装在不同群体中独立进化的频率还有待观察。

食蚜蝇形态学的研究，有力地证明了在许多物种中，它们的拟态伪装是为了适应其他物种的外表和行为。不过，在对食蚜蝇进行的全方位研究中，对模型和拟态伪装的存在性和相对频率的问题也有一些其他推断。其中最简单的一个推断是，在不同地理区域发生的野外拟态伪装的频率应当与它们各自模型在本地的丰度相对应。然而，如同前文探讨的那样，尤其是在我们很难确定哪类食蚜蝇在模仿哪类模型下，检验这样一个简单的观点是很难的，然而，最近的工作已经开始研究这一问题。中央兰开夏大学的马尔科姆·埃德蒙兹（Malcolm Edmunds）几十年来一直致力于研究动物中的拟态伪装现象和防御性着色现象，他的名字不断与贝茨氏拟态背后的许多重要观点联系在一起。他与诺丁汉大学的汤姆·里德（Tom Reader）一起，在英国52个地方进行了一项为期长达11年的有关食蚜蝇和模型频率的研究。他们利用了一种模仿大黄蜂的英国食蚜蝇，这个物种具有多形态优势，也就是说，这种食蚜蝇个体有许多不同的色彩形式（就像某些伪装的物种）。这些形态好像模仿了大黄蜂的不同种类，其中与黑色蜜蜂和黄色蜜蜂相似，还有一些与带有红色"尾巴"的黑色蜜蜂相似。科学家们测量了食蚜蝇变体和不同蜜蜂种类出现的频率，得出简单的推论：不同的食蚜蝇变体应当在自己的蜜蜂模型相对较为丰富的地方更为常见（这是他们的主要发现），而且至少一些不同的食蚜蝇变体显示出与它们的大黄蜂模型相关的频率。有一个因素可能使这个例证复杂化，那就是人们认为蜂蚜蝇属也是大黄蜂蜂巢的入侵者（这是一类寄生虫，我们在第7章会再次探讨），所以它的拟态伪装可能也进化得能避开了筑巢蜜蜂的防御。事实上，这是早在1892年普尔东与其他人之间辩论的根源。即使有这种警告，其他研究也显示，就它们在一天当中什么时间最为活跃而言，食蚜蝇的活动模式与他们假定的模型也常常一致。因此，尽管这还只是早期的有关证据，但它却与人们对贝茨氏拟态的推论一致。

食蚜蝇的研究对探讨贝茨氏拟态发生的动态和机理有很大价值。然而，现有证据一个主要的缺失在于捕食者是如何在更为自然的条件下对食蚜蝇作出反应的。我们尤其需要证据证明，食蚜蝇拟态伪装水平的差异确实或多或少地使捕食者更有可能攻击。不过，好在另一个拟态伪装系统非常有效地做到了这一点。

迄今为止，如我们所知，华莱士满脑子都是有关昆虫欺骗和拟态伪装的想法。他是指出各种跳蛛模仿蚂蚁的第一批研究者之一。这不难看出其，因为跳蛛和蚂蚁的相似性可能真的十分突出。有些蜘蛛的整个形态在外形和颜色上都改变了，与蚂蚁的外形和颜色相当，毛发较少，身体的肢节较窄，身体细长，两条腿常常向前伸展，与蚂蚁触角的外观相似。更重要的是，当受到惊吓时，模仿蚂蚁的蜘蛛常常采取行为拟态伪装，包括类似蚂蚁的威胁展示。

根据人类的肉眼观察，跳蛛与蚂蚁的相似性如此接近，以至于唯一清楚泄露真相的地方就是，如果你数一下就会发现它们有8条腿（图34）。所以，为什么跳蛛能够通过模仿蚂蚁获益呢？原因可能有好几种。一种原因是这可以使它们接近蚁穴，悄悄靠近并吃掉蚂蚁，这其实是另一种攻击拟态。但更多的时候，它似乎是为了获得保护，不受捕食者的攻击，这既包括鸟类也包括其他蜘蛛。众所周知，蚂蚁是不受欢迎的猎

5. 披着蚂蚁外衣的蜘蛛

物。它们不仅有叮和咬这样的较强防御能力，而且还能够产生甲酸之类肮脏的物质，这意味着它们不是什么美味佳肴。出于对群体防御的考虑，它们还大量群居。蚂蚁拟态伪装可能在无脊椎节肢动物中已经进化了70多次，最常见的是在蜘蛛中，但是也包括臭虫、甲虫和寄生蜂之类的昆虫。据记载，共计有大约2 000种蚂蚁拟态伪装的物种，而且它们尤其在跳蛛中很常见。事实上，仅跳蛛属就有200种蚂蚁拟态伪装。

新西兰坎特伯雷大学的西米娜·尼尔森和罗伯特·杰克逊（在第3章提到过，与孔蛛属的攻击拟态有关）已经进行了大量实验，测试蜘蛛是否确实伪装了蚂蚁以及是如何伪装。事实上，模仿蚂蚁的蜘蛛的主要捕食者之一是其他蜘蛛，因而在实验室里用这些蜘蛛做对照实验就比用鸟类更加容易。华莱士提出对照实验，以证明蚂蚁的拟态伪装是真实存在的，但经过很长时间后，从20世纪中期开始，尼尔森和杰克逊的研究才提供了令人信服的证据。在一项实验中，他们给捕食的跳蛛（它们有很好的眼力来发现并分析猎物和潜在的威胁）提供了一些钉住的节肢动物尸体，并让跳蛛选择是接近这些节肢动物，还是移到实验场地的另一个地方去觅食。跳蛛没有表现出避开非蚂蚁类猎物的迹象，反而常常避开蚂蚁或者伪装成蚂蚁的蜘蛛。

以上实验不仅证明了蚂蚁拟态伪装确实存在并发挥了作用，而且还证明了：避开贝茨氏拟态可能是生物先天固有的，而非后天学习的。在对蚂蚁拟态伪装进行的许多研究中，也包括这个研究，捕食者以前从未遇到过蚂蚁或者蚂蚁拟态伪装，对它们没有任何经验，因而避开的行为不会是在后天学习的基础上才建立的。所以，尽管我们常常认为贝茨氏拟态是一种捕食者使用先前的经验去学习如何避开危险猎物及其拟态伪装者的行为，但是在进化过程中这种能力也可能是"本来就有的"。当危险足够大且刺激物足够普遍时，正如在蚂蚁的数量如此繁多的情况下，"被动"避开这些昆虫以及其他外表相似的动物可能是有益的。

蚂蚁拟态伪装似乎是有效的，但是否有证据证明拟态伪装的水平影响着捕食者避开拟态伪装者的强烈程度呢？也就是说，捕食者会更多地避开外表更为接近的拟态伪装者吗？在另一项研究中，尼尔森把伪装成蚂蚁的蜘蛛放到一个捕食者——缨孔蛛跟前。她使用了几种蜘蛛类型中的个体，这些蜘蛛是有不同程度的蚂蚁拟态伪装（从人

5. 披着蚂蚁外衣的蜘蛛

眼来判断），有的非常相似，有的不那么相似，她记录了缨孔蛛对这些蜘蛛的反应。正如预期的那样，信号精确度高低与拟态伪装在预防攻击上的有效程度至关重要。更为奇怪的是，拟态伪装精确性方面存在着诸多差异，因为进化得更好的拟态伪装应该是有优势的。我们会很快转向"不完美的拟态伪装"这一话题。

一些伪装蚂蚁的蜘蛛，一个奇怪现象在于，有时候雄性蜘蛛和雌性蜘蛛看起来不一样，在这种情况下，通常雄性蜘蛛的拟态伪装更为糟糕。这可能是因为雄性蜘蛛有一对伸展的前触角（图35）。值得注意的是，尼尔森和杰克逊发现的证据表明，雄性蜘蛛好像不只是简单地在模仿蚂蚁，而且专门模仿在下颌骨上携带着物品的负重蚂蚁（例如捕食的物品或者蚁巢的材料）。雄性蜘蛛选择另一种外表的原因还不得而知，但是它们前触角伸展的原因可能源自对雄性蜘蛛的自然选择——雄性蜘蛛之间的竞争和展现威吓的姿态，或者是因为雌性蜘蛛喜欢选择有伸展触角的雄性蜘蛛。在这样的情况下，成功拟态伪装与其他功能之间的取舍之间可能会产生一种平衡，因此雄性蜘蛛与蚂蚁在整体上的相似度可能不那么明显。在尼尔森的研究中，蚂蚁伪装者不同程度的拟态伪装中，相对于雌性伪装者而言，捕食者对这些雄性负重蚂蚁伪装者的讨厌程度要低一点。而且，尼尔森和杰克逊的其他实验显示，孔蛛属蜘蛛避免攻击雌性蚂蚁伪装者和雄性负重蚂蚁伪装者，就好像认为它们是蚂蚁一样。然而，事实上，专门捕获蚂蚁的另一种跳蛛更有可能攻击携带着物品的真正蚂蚁，而不攻击没有负重的蚂蚁，因此也更有可能攻击伪装成蚂蚁的雄性蜘蛛而非雌性蜘蛛。攻击未负重的蚂蚁可能更危险，因为如果它们的下颌骨自由的话，就可以进行防卫，而携带着食物的蚂蚁无法用下颌骨做武器。

一些蜘蛛模仿蚂蚁的水平确实令人印象深刻，但是有些物种则将这一技能推进了一步。跳蛛属的黑脚蚂蚁蜘蛛不仅有蚂蚁的外表和行为（人们常常将它们联系到一起），而且还聚集成有几十只甚至几百只蜘蛛的群体，颇似一小群蚂蚁。尼尔森和杰克逊的研究显示，掠食性蜘蛛不大可能攻击蚂蚁和蚂蚁的伪装者，反而更有可能攻击其他蜘蛛。更重要的是，捕食者显示出更讨厌伪装成蚂蚁的蜘蛛群（或者一小群蚂蚁），而不是独行的蜘蛛；而且，它们显示出不太回避外表不像蚂蚁的成群蜘蛛。这样的伪

图 35：伪装成蚂蚁的雄性蜘蛛和雌性蜘蛛外表上的差异。图中所示的雄性蜘蛛有极度伸展的触角，这可能在配偶的选择上起到一定作用。研究显示，它们也伪装成下颌骨上携带着食物的蚂蚁的外表。

图片来自 shutterstock 网站

装组合，也就是所谓的"集体拟态伪装"，加强了假定的整体防御性，可能是因为捕食者更不情愿攻击一群能够进行集体防御的蚂蚁。这与我们在第2章中遇到的斑蝥幼虫的例证稍有不同，那些幼虫集体劳作，形成单一个体（一只蜜蜂）的特征，而不是像这些蜘蛛一样伪装成群体中的个体。

就像动物的保护色一样，贝茨氏拟态的大部分研究关注视觉信号，部分原因是这些信号对我们而言常常最为明显，而且研究起来最容易驾驭。然而，贝茨氏拟态也出现在其他形式中，包括声音和气味。穴居猫头鹰（穴鸮）在啮齿类动物类（诸如地松鼠）的洞里筑巢，但是那里也常常居住着响尾蛇。事实上，这3种动物有时可以在同一个洞穴中生活，而且，人们有一段时间错误地相信，它们共同愉快地生活在一起。事实上，是蛇对地松鼠造成了威胁，但是猫头鹰可能因响尾蛇的存在而获益。在受到外界骚扰时，穴居猫头鹰（隐藏在洞穴的隐蔽处）就会发出"嘶嘶"的声音，听起来像是响尾蛇的警告，这样就可能阻止一些獾、鼬鼠和土狼之类的捕食者继续进入。蛇和猫头鹰发出的声音听起来有相似的声学结构，加州大学戴维斯分校的马修·罗（Matthew Rowe）及其同事在20世纪80年代比较了地松鼠对猫头鹰发出的"嘶嘶"声（和控制的声音）如何作出反应，包括离群索居的个别地松鼠（这种独居情况在有蛇的时候出现很自然），还包括在响尾蛇不会出现的地方生活的地松鼠。研究证明，对蛇熟悉的地松鼠会避开猫头鹰的"嘶嘶"声，但是那些没有遇到过蛇的地松鼠对猫头鹰的"嘶嘶"声却不太在意。据推测，猫头鹰的捕食者也会以相似的方式作出反应。

听觉贝茨氏拟态可能在蝙蝠与飞蛾的相互交流中也很常见。蝙蝠是许多飞蛾物种主要的夜间捕食者，它们捕抓飞行中和停留在植被上（被认为是一种拾遗行为）的飞蛾。许多蝙蝠用它们非常复杂的回声定位呼叫和听力来探测它们搜寻的飞蛾，极高的超声波频率声音常常超出我们的听力范围（因此我们需要有一个回声定位检测器来监听蝙蝠的搜寻和飞行行为），而且这在一些蝙蝠中极其微妙，以至于蝙蝠不仅可以利用这种声音进行导航并避开物体，而且还能够检测它们捕食的动物具有的细微精确的特点。例如，一些蝙蝠能够探知一个正在飞行的昆虫的身体结构，甚至它的翅振频率，这使得它们可以极为精确地区分不同物种及其被捕食动物的类型，获知自己在搜索什么动物。正如许多捕食者与猎物的关系一样，猎物也逐步进化出了防御能力。其中最重要的一个是听觉器官的进化，它出现在昆虫身体的各个部位（甚至腿部），由多种独立的器官进化造成。昆虫这些进化过的"耳朵"与蝙蝠的高频叫声精确适应，使得昆虫能够采取躲避行动，例如改变方向或者突然降到地面，这样就不会被抓住。

除了能够听到蝙蝠的叫声，许多昆虫自身也逐步进化出了发出超声波的能力，使用敲击和脉冲的形式作为防御手段。这种能力好像又一次独立进化了好几次。从虎蛾使用的名为"鼓室"的特殊片状器官，到虎蛾身上一起拍打的翅膀和鞘翅，昆虫的超声波产生的机制各不相同。在虎蛾中，一些物种向蝙蝠发出信号，表示它们是有毒的，这成为一种听觉警戒。蝙蝠根据它们发出的敲击声类型，能够学会避开这些有防御能力的飞蛾。一些完全无害的飞蛾在听到有蝙蝠接近时，也会发出超声波，这是在伪装有毒飞蛾的叫声。

北卡罗来纳州维克森林大学的杰西·巴伯（Jesse Barber）和威廉·康纳（William Conner）做的实验也许是迄今为止最有说服力的听觉贝茨氏拟态伪装实验。他们在声控房间里训练被捕的蝙蝠，让它们去攻击发出声音的有毒飞蛾，并使用高速红外相机记录它们在黑暗中的相互交流。不出所料，蝙蝠很快便学会了将飞蛾发出的声音与毒性联系起来，在几次尝试之后就避开了它们。接着，他们给蝙蝠提供了也会发出与有毒飞蛾类似叫声的美味飞蛾。尽管这些飞蛾可以食用，可是这些蝙蝠仍旧避开了它们。只是在经过了几个回合以后，一些蝙蝠意识到这些飞蛾可以食用，才开始攻击它们。在这类情景中，普通的听觉拟态伪装的普遍程度至今仍旧不为人所知，但是如同两位研究者在报告中所记录的那样，超过1.1万种虎蛾能够通过听觉回应蝙蝠的攻击，并且还有许多其他昆虫种群也能通过听觉回应蝙蝠的攻击。因此，听觉拟态伪装肯定比如今人们所了解到的其他伪装方式更为常见。事实上，一项最近的研究发现，一种名为"橙色乞丐"的尺蛾物种（只是和虎蛾有一点关系的物种）已经进化出了一个发声的鼓室器官，无论在形式还是在声音上都与许多虎蛾产生的相似。进一步的研究显示，虽然橙色乞丐尺蛾发出的声音与同一地区发现的一些有毒虎蛾十分相似，但是对蝙蝠而言，这种尺蛾的声音却能接受。因此，橙色乞丐尺蛾似乎是一种已经进化出应对蝙蝠

　　　　　　　　5. 披着蚂蚁外衣的蜘蛛

的虎蛾贝茨氏拟态伪装能力的飞蛾物种。

有时我会提及这一事实：无论拟态伪装与其模型多么相近，还是有很大区别的，而且这些所谓的"不完美拟态伪装"出现在贝茨氏伪装中是频繁被探讨的议题（图36）。华莱士将不完美拟态伪装的存在作为证据，用来反对造物主并赞同导致物种起源及多样化的自然过程，因为这表明物种并不完美。然而，这些所谓的"不完美拟态伪装"提出了一个难题，因为伪装者与其模型极为相似应当在欺骗捕食者时更为有效，但为什么存在这么多不完美的拟态伪装？人们提出了多种解释来回答这一点——有十多种不同的假设，许多假设可以或多或少地合在一起进行解释。一些主要观点如下：因为人类与捕食者的视觉有巨大差异，所以拟态伪装可能只是在我们眼里显得不完美；拟态伪装可能同时与多种模型相像，但是没有一种是完美的（这是一种外表的妥协，即同时模仿多个模型，但是杂而不精）；如果这个模型的毒性很强，会令捕食者极力避开，拟态伪装就不需要完美了；捕食者在评估拟态伪装时，可能只注意猎物的某些特征，而不会注意其他特征；拟态伪装可能是持续进化过程的一部分，并在外表上进化得与模型渐渐远离，以防拟态伪装变得完美。如果真是这样的话，这些观点中的绝大多数只用数学模型进行了检测。然而，最近的发展意味着我们开始对关键问题有了更好的理解，并且明白哪些解释可能更有效。

关于贝茨氏拟态伪装，让我们从这样一个理论开始：对我们而言明显很糟糕的拟态伪装，在真正的捕食者眼里可能确实是很好的拟态伪装。这似乎是个合理的观点，因为不同物种的视觉系统有很大的差异，但是对这一解释确实没有什么证据。在迪特里希关于食蚜蝇和鸽子的研究之后，这一假设曝光了。除了发现鸽子经常被拟态伪装者愚弄外，研究者还发现了一些奇怪的结果。其中最有意义的发现是，鸽子把两个常见的食蚜蝇物种归类为与黄蜂类似的种类，其实对人类而言，它们是劣等的伪装者。迪特里希论证说，如果食蚜蝇伪装的标记利用了鸽子学习或识别过程的一些关键方面，那么这种情况就会发生，但他只是简短地探讨了这一观点。不久以后，由于照片展现给鸽子的方式有局限性，布里斯托大学的英尼斯·卡西尔（Innes Cuthill）和牛津大学的安迪·本那特（Andy Bennett）两位生物学家公开了一项记录，就迪特里希及其同事

图 36：食蚜蝇对黄蜂（最右边）的不完美拟态伪装。以人类的视觉系统来看，从左边到右边，食蚜蝇物种的拟态伪装程度从很差到很好递进。

图片来自希瑟·彭尼以及加拿大国家昆虫收藏馆（蛛形类和线虫类）

得出的一些结论提出了质疑。如同我们已经讨论过的，问题在于幻灯片上的颜色旨在刺激人类视觉系统而非鸟类视觉系统，因此这些在鸽子的视觉系统看来可能是不自然的。假如鸽子视野中的所有相关信息都有用的话，那么它们对这些食蚜蝇的分类可能就会全然不同。

不完美拟态伪装受到人类视觉与鸟类视觉之间差异的影响，这个观点很有趣，然而，毫无疑问，虽然这一原则有道理，但也不可能完全如此。虽然鸟类的视觉系统确实与我们不同，但是它们的视觉在很大程度上被认为是非常出色的；而且如同我们所注意到的，它们的视觉也许能比我们感知到更大的颜色范围。许多鸟类在辨别形状和图案方面似乎也与人类的能力相当。整体而言，如果一个伪装在人类看来不太有效，那么在鸟类看来可能更不具有说服力。事实上，参与最初鸽子研究的几位科学家后来确实进行了一个小型实验，给鸽子展示了用针别着的动物标本，得到了与幻灯片实验类似的结果。鸽子学习了辨别黄蜂和两翼昆虫后，当眼前呈现出4种不同的食蚜蝇物种时，它们显示出将食蚜蝇归类为黄蜂的一些迹象，这与使用幻灯片时的情况类似，这种反应的强度取决于食蚜蝇的种类。尽管如此，很少有其他研究进行以下这一分析：当真正的食蚜蝇和黄蜂直接在鸟类的眼前呈现时（例如，与幻灯片上所呈现的照片截

5. 披着蚂蚁外衣的蜘蛛

然相反），鸟类如何将食蚜蝇和黄蜂排序；或者说，很少有人做实验，证明鸟类会被现实生活中的欺骗现象所蒙蔽。所以，除非做更多的实验，否则我们不能排除这样的观点：不完美拟态伪装反映了人类与捕食者的知觉差异。

迪特里希和他的同事认为，食蚜蝇的伪装利用了鸽子学习或识别图案的某些重要方面，这一观点很有趣。关于不完美拟态伪装的几个相关观点在这里开始发挥作用，大致围绕这样一个观点展开：并不是伪装者外表的所有特征都能被捕食者分析，所以只有一些特征会被选择进化为有效的拟态伪装。这就意味着，尽管一个伪装者的整体外观可能在我们眼里不太令人信服，但与捕食者作出估计的主要特点可能是相似的，那么就可能足以使被捕食者的欺骗性伪装得以实施。前面描写的食蚜蝇实验与这一话题有关，即识别出捕食者用来分类模型与伪装者的主要特征。该项研究显示，只有一小部分被捕食者的特征会被用在捕食者对它的学习和归类过程中（像食蚜蝇的条纹数量、颜色和触角的长度），而其他特征则会相对地被忽视。这与这种动物只有一小部分与捕食者有关的特征的一致，因而被伪装者选中进行更好的拟态伪装。而在学习和辨别中没有被使用的特征将不会被伪装者选择和进化。因而，对我们而言，即使伪装者的整体外观可能不是特别令人信服，但是它的拟态伪装还是很有效的。

这些观点与斯德哥尔摩大学的巴哈仁·科热米（Baharan Kazemi）及其同事做的另一项实验结论一致。这项实验采用不同的实验方法，使用仿造的纸质猎物（不打算伪装任何真实物种）和鸟类（蓝冠山雀）作为实验室里的捕食者。他们训练蓝冠山雀寻找猎物模型，其中一些是"可食用的"拟态伪装者，下面藏有粉虫幼虫（这是许多鸟喜欢吃的食物），而另一些是"没有奖赏"的模型。这些蓝冠山雀不得不根据视觉外观的几个不同方面，包括颜色、图案和身体形状来辨别有奖赏的和没有奖赏的猎物。在这一学习阶段之后，团队给已经有经验的蓝冠山雀展现了完美的拟态伪装和不完美的拟态伪装。完美的拟态伪装与模型的颜色、身体形状和图案相匹配，而不完美的拟态伪装只有一个特点与模型相匹配，比如颜色、图案或者身体形状。结果表明，在捕食者的学习过程中，似乎猎物外表的某些方面，比如颜色尤其突出（捕食者学习这些特点会快一些），而图案和身体形状并不太重要。除此之外，捕食者被只伪装模型颜色的猎物愚弄，因而对之视而不见，但是捕食者没有忽视只伪装了图案或者身体形状的猎物。因此，在推动拟态伪装的进化方面，颜色就比另外两个特征更为重要。虽然研究者使用的模型猎物及其颜色和图案的各个方面都很简单，但是结果显示，捕食者可能只关注某些猎物的特征，而忽视了其他潜在的拟态伪装中不太重要的特征。这里的关键问题不完全在于猎物使用的颜色本身，而在于：对一个特定的捕食者而言，某些猎物的特征好像更为突出，对捕食者在进行学习归类时更为重要，因此成为被捕食者拟态伪装选择的重点。

那么，有没有证据证明，这可能是在更为自然的条件下发生的？北卡来罗纳州立大学的大卫·科库奇（David Kikuchi）和大卫·芬尼（David Pfennig）通过研究拟态伪装成美国东南部致命珊瑚蛇的无毒猩红王蛇（图37），检验了这一想法：捕食者可能只关注猎物外表的某些特征。这两种蛇都有红色、黄色和黑色的圆环图案，但是这两种蛇身体上不同的颜色顺序暴露了它们的身份。俗话说："红对黄，杀人不偿命；红对黑，无毒液。"

这两位科学家进行了野外实验，他们用黏土制作了模型蛇，根据条纹颜色的顺序和颜色的比例以不同方式进行了调整，一种是伪造的模型，使其与珊瑚蛇相似，另外两种是拟态伪装的模型。其中，两种拟态伪装模型中，一个伪装得"比较好"，它在条纹的颜色比例上与珊瑚蛇一样，但在颜色排列顺序上却不同；而另一个伪装得"不太好"，它在条纹的顺序和3种颜色（红色更多，黑色更少）的比例上都与珊瑚蛇不一样。这些蛇被放到田地里，接受哺乳动物和鸟类的攻击，用以评估每种模型受到攻击的程度（从鸟嘴、爪子和咬痕判断），5周后收回（图38）。科库奇和芬尼发现，蛇的红色和黑色的比例是捕食风险的关键因素，但条纹颜色的顺序与捕食风险的关系不大，这是因为伪装者模型与"比较好"的拟态伪装者在攻击程度上没有差异，而"不太好"的拟态伪装者比另两种模型受到了更多的攻击。

那么，在蛇的拟态伪装上，为什么捕食者没有选择条纹顺序，而选择了颜色比例呢？这是因为珊瑚蛇十分危险，所以当拟态伪装做得足够好时，捕食者进一步提高模型相似度的选择优势就降低了；而当拟态伪装模型的蛇的毒性更强时，捕食者就会对这个

5. 披着蚂蚁外衣的蜘蛛

图 37：王蛇的拟态伪装。上图显示剧毒的西部珊瑚蛇（左边）及其无毒伪装者索诺兰山王蛇（右边），两种蛇都来自亚利桑那州。下图显示剧毒东部珊瑚蛇（左边）及其无毒伪装者猩红王蛇（右边）。

上图来自大卫·W. 芬尼

下左图来自韦恩·范·代芬特尔，下右图来自大卫·W. 芬尼

模型的颜色图案形成概念，否则它犯错误的代价会更大。在这种情况下，拟态伪装不必完美。然而，这些研究者提出，需要有一个附加因素来解释他们的发现。他们发现，王蛇只伪装珊瑚蛇模型的某些特征，尤其是不同颜色的比例，而不是颜色的顺序。如果是因为珊瑚蛇的毒性很大，王蛇唯一需要做的就是轻松地进行拟态伪装，不用非常精确。那么我们就会预料到王蛇会降低它对所有伪装特征的选择（在颜色顺序和比例上），但事实并非如此。所以，为什么被选择的是珊瑚蛇颜色的比例而非条纹的顺序？答案可能是捕食者在了解猎物外表特征时受到时间限制和认识的局限性。虽然人类能够通过利用条纹的顺序区分这两种蛇之间的差异，但是这一过程需要时间，因为人类不得不直接观看珊瑚蛇的几个条纹顺序并对之进行解释。你无法简单地对珊瑚蛇的条纹顺序得出全面快速的判断，但是却可以快速判断颜色的相对比例。捕食者常常受到严格的时间限制

图 38：仿造的蛇用于检测捕食者对不同颜色比例和顺序条纹如何做出反应。这些模型用黏土制作，外表对比鲜明。右图中位于最下方的伪造蛇已经遭到了捕食者的攻击。

图片来自大卫·W. 芬尼

中，它们作出的决定既需要精确，又需要快速（这就导致所谓的速度与精确度的权衡），否则它们要么失去觅食的宝贵时间（要捕食的猎物可能会逃跑），要么因为选择失误而将自己置于危险之中（比如攻击一条有毒的蛇）。因此，在这样的情况下，用于判断珊瑚蛇条纹顺序的过程需要花费较长的时间，所以捕食者放弃了这个方法。

在提供存在着不完美拟态伪装的证据时，珊瑚蛇和王蛇的例证也很有价值。王蛇比珊瑚蛇出现的地理区域更广，因此一些王蛇会与珊瑚蛇共存，而其他王蛇会在没有珊瑚蛇的地方出现。我们可能认为，在两种蛇的活动范围一致的地方，精确拟态伪装的选择性更强，因为捕食者会有更多机会了解模型的危险性，以及如何将其与伪装者区分。然而，乔治·哈珀（George Harper）和大卫·芬尼发现了相反的结果。在一些没有珊瑚蛇却有王蛇活动的地方，捕食者对不完美拟态伪装有很强的选择性；而在两种蛇的活动范围交叉的地方，捕食者更有可能避开不完美

5. 披着蚂蚁外衣的蜘蛛

拟态伪装。这一解释好像与模型和伪装者的相对比例有关。与王蛇相比，当珊瑚蛇稀有时，捕食者了解拟态伪装的机会就减少了，因为捕食者不太可能会遇到一条珊瑚蛇。这意味着只有非常好的拟态伪装才有可能被避开，原因在于捕食者面临的风险很低。与之相反，当珊瑚蛇相对常见（在活动范围交叉的地方）时，捕食者对模型的攻击就有很大风险，而且因为这个模型很危险，所以即使拟态伪装很糟糕，捕食者也会避开。这样，王蛇即使伪装得不完美，也可以成功避开捕食者的攻击。

对不完美拟态伪装的其他潜在解释貌似可信，但是大多还未得到检验。一种常见的观点是，虽然伪装者的拟态伪装并不完美，但是它同时会与几种模型物种相似。在蜘蛛伪装蚂蚁的例证中，尼尔森提出，不精确的拟态伪装是有可能的，因为蚂蚁是捕食者非常厌恶的，所以相对而言，即便伪装者的外表只是大致与蚂蚁相似，也足以令捕食者弃之而去。除此以外，不完美的拟态伪装通过广泛地伪装成几种蚂蚁，而不是只专注于伪装成一种蚂蚁（这只在一个单一的地理区域发生），就可以受益匪浅。鉴于蚂蚁常常有这样独特的体型，这对于蚂蚁的拟态伪装似乎尤其合理。然而，就食蚜蝇而言，最近一项对38个不同物种和10个假定模型的研究分析发现，并没有证据能够显示某些不完美拟态伪装的物种在外表上会介于两个或多个模型之间。虽然这一研究有进步，但是也并非完全否定了前面提及的拟态伪装同时与几个模型物种相似这一观点，因为我们还预计，每一只食蚜蝇与其模型物种相似的精确度受到模型的相对毒性和数量影响。也就是说，我们可能确实可以预测不完美伪装稍微接近一些黄蜂或者蜜蜂的物种，而不是其他物种。然而，这一研究确实揭示了：当食蚜蝇这一物种的体型增大时，它们拟态伪装的水平好像也提高了。如果对伪装者有宽松选择的话，这是可以预料到的。对捕食者而言，体态小的食蚜蝇没有体态大的食蚜蝇（它们可以提供更大的食物奖励）有吸引力，所以它们受到攻击的可能性就小，这意味着它们从拟态伪装中受益较少，因此它们的选择也减少了。与之相反，体态大的食蚜蝇，很重要的一点是善于伪装，以免受到高的攻击风险，因为它们是价值更大的猎物。

在结束对贝茨氏拟态的探讨之前，有必要形成一个大致的观察报告：大多数情况下，伪装者都是无脊椎动物，它们要么是伪装成其他无脊椎动物，要么是脊椎动物（我们会在第6章探讨一些例证）。当脊椎动物进行贝茨氏拟态时，它们倾向于相似的脊椎动物物种（如伪装成其他蛇类的蛇）；脊椎动物伪装成无脊椎动物的例证很少。即使真出现这种情况，也更倾向于听觉伪装，而不是视觉伪装，这也许是因为产生形态学的变化更难，或者在其他功能上需要付出代价。然而，当脊椎动物伪装成无脊椎动物时，那也是不同寻常的。2015年年初，有一项研究报告了亚马孙地区的一种鸟——叫栗翅斑伞鸟，它的雏鸟明显地伪装了有毒的毛毛虫（图39）。这些未离开鸟巢的雏鸟全身覆盖着显眼的橙黄色羽毛，伪装后看起来像长毛，完全不像成年鸟的暗灰色羽毛。它们看起来也完全不像大部分其他鸟类的雏鸟。受到干扰时，它们甚至会把头和身体向两边来回摇晃，有点儿像行走的毛毛虫。这项研究的研究者认为，这些雏鸟的外表很像当地一种有毒的毛毛虫，它们依靠贝茨氏拟态得到保护，免受巢穴捕食者的伤害，因为它们在巢穴生活的时间极长，这使得它们很容易遭到捕食（大约80%的巢穴会遭此厄运）。这些雏鸟与当地多毛的橙黄色毛毛虫相似，尽管这一观点仍基于人类的估计，但这一现象也令人瞩目。我们将拭目以待，希望有适当的实验来检验这一现象。

　　几乎很少有其他脊椎动物伪装成无脊椎动物的明显例证。在20世纪70年代，雷蒙德·休伊（Raymond Huey）和埃里克·皮安卡（Eric Pianka）提出，南非卡拉哈里沙漠有一种蜥蜴（麻蜥属），其身体颜色和行走动作与一种有毒甲虫相似。这种甲虫在受到攻击时，会喷出酸性的化学物质。成年蜥蜴相对进行了伪装，但走路的样子仍和其他蜥蜴相似。但是成长期的蜥蜴在颜色上黑白相间，行动迟缓，像甲虫一样后背弯曲成弓形，尾巴耷拉到地上。这些蜥蜴在一天中的活动时间也与甲虫相似，从而更多地避免受到捕食者的攻击，包括白舌鸟之类的鸟类，以及狐狸与豺狼之类的哺乳动物，甚至还有蛇。其实，在我们的眼里，这种外表的相似性并不十分令人信服，但是这些研究者宣称曾不止一次受此愚弄，错把蜥蜴当成甲虫。如同华莱士多次提到的那样，需要在野外观察它们的外表。除非有实验进行检测，否则我们只能对这一例证进行推断。

　　正如许多其他领域抗捕食者的着色和行为一样，虽然这些观点既重要又陈旧，但我们对拟态伪装的更多了解都是最近才发现的。对拟态伪装的研究涉及生物学的许多方面，从动物的视觉、知觉和学习问题，一直到进化过程的许多方面，比如在不同功能的

5. 披着蚂蚁外衣的蜘蛛

图39：一只据说与当地特有的某种有毒毛毛虫（右下图）长相十分相似的亚马孙栗翅斑伞雏鸟。它们有橙黄色羽毛，受到干扰时，会以毛毛虫特有的方式晃动。

毛毛虫绒蛾科：图片来自温迪·巴伦西亚
4 天大的栗翅斑伞鸟雏鸟：图片来自杜凡·加西亚
栗翅斑伞鸟未离开巢的雏鸟：图片来自桑地亚哥·大卫·里维拉

动物特征上进行权衡的现象。毫无疑问，关于贝茨氏拟态的动态发展，我们还有许多需要了解的，尤其是为什么有时拟态伪装令人印象深刻，但有时又不太明显。人们对不完美拟态伪装的解释有许多种观点，但是离我们发现主要原因还有些距离，也许在不同的物种中有不同作用。同样显而易见的是，多重选择压力和因素似乎推进了拟态伪装的进化，而在不同的动物种群中，这些进化并不总是相同的。在某些情况下，拟态伪装代表着避开攻击和其他选择压力（例如求偶）之间的平衡；而在其他情况下，拟态伪装可能受到有极高鉴别力的捕食者的驱动而变得极为复杂。拟态伪装也需要从群体的视角来看，因为拟态伪装的频率和成功与否可能依赖于它们的模型物种的相对丰富程度，这甚至可能导致同一物种的伪装者因不同模型的伪装而出现几种形态不同的进化。毕竟人们已经证实，在理解物种的适应性和物种间相互作用的方式时，贝茨氏拟态是一种很好的检验方式，而且这种种情况一定会持续一段时间。

6

虚张声势与出乎意料

当一个捕食者对猎物发动攻击时，人们可能会认为猎物应当以最快的速度逃跑，但是，许多物种并不会这么做。相反，它们却表现得有点儿没有规律，或者身体的某些部位明显地一闪，或者漫无目的地到处乱跑，甚至原地上下跳跃。早在20世纪60年代，科学家们就提出，这些所谓"千变万化的"或者"本能的"行为是猎物用于困扰或者迷惑捕食者，以争取额外的时间得以逃生（并非简单的逃跑策略）。在第5章，我们讨论了贝茨氏拟态，未受伤害的动物通常通过模仿让捕食者感到危险或者不快的物种，以避开捕食者的攻击。贝茨氏拟态首选通过预防产生捕食者攻击行为来发挥作用，是一种所谓的初级防御行为。然而，动物也采取其他次级防御行为，一旦捕食者开始攻击，次级防御行为就开始发挥作用。有些物种并非通过拟态伪装，而是通过突然袭击、虚张声势等令捕食者出乎意料的行为，使捕食者暂停攻击或者完全放弃攻击，从而脱离危险。有些物种通过迷惑或者操纵捕食者的攻击，使自身在受到最小限度伤害的情况下得以逃脱。这就是我们在本章要探讨的次级防御行为。人们研究最为广泛的、变化多端的防御行为是一些猎物对捕食者采取的惊吓展示手段。这些防御行为包括动物的外表突然变化，例如，突然展示鲜艳的颜色、图案，甚至还可以突然发出某种声音。正常情况下，使用惊吓展示手段的动物最初依靠伪装（一种初级防御），但是捕食者如果发现了它们，也会被它们吓一大跳。例如，当一只鸟接近时，趴在树干上伪装的飞蛾会猛地张开它的后翅，它的外观颜色就会从暗棕色变成忽隐忽现的鲜艳的红色和黑色。这一例子的观点是，捕食者因这种可怕的惊吓展示而感到有些迷惑或者震惊，以至于它会在攻击时犹豫不决，或者完全放弃攻击。惊吓展示行为似乎广泛存在于各种昆虫类的动物中，比如飞蛾和蚱蜢。但是，也有报道和研究表明，这些现象广泛地存在于各种乌贼和鸟类中，甚至包括一些有鲜艳发光体的深海生物。

关键问题是，这些惊吓展示行为能够发挥作用吗？如果真的能发挥作用的话，原因何在？这些行为的有效性如何？直到20世纪80年代，关于这一学科的研究工作多数还只是基于人们的传闻和观察。随后以马萨诸塞大学的特德·萨金特为首的3位研究者对此展开了一系列研究，检验到底是什么因素使这种惊吓展示行为发挥了作用。萨金特长期致力于北美裳夜蛾属飞蛾后翅的研究，这种飞蛾的后翅能够隐蔽地掩藏到它们栖息的树上，但是当它们突然展开后翅时，捕食者会吓一跳。这种飞蛾的显著特征之一是，它们的后翅图案多种多样，有些种类的红色后翅上带有黑色的条纹，而其他种类的后翅颜色可能是蓝色、黄色、橘黄色，甚至只是黑色或白色。其实，仅在新英格兰地区的大约50种裳夜蛾属飞蛾中，就有40多种后翅图案。飞蛾对鸟之类的捕食者具有明显的吸引力，因为萨金特研究发现，鸟类很喜欢吃一些裳夜蛾属飞蛾。

在各个物种中，颜色如此斑斓的并不限于裳夜蛾属飞蛾，还有好几种其他相关的飞蛾类和蚱蜢类昆虫，它们的后翅颜色和图案都显示类似的变异（图40）。因此，我们的另一个问题是，是什么原因导致飞蛾的惊吓展示行为有效的？我们也许还会问：为什么存在这样的变异？飞蛾的惊吓展示行为发挥作用的方式能给我们什么启示？

首先针对这些问题进行研究的是弗兰克·沃恩（Frank Vaughan）。他认为，在飞蛾的惊吓展示行为发生时，它们除了通常在外表上会有突然的变化之外，有好几个（相关）因素也会对制止鸟类的攻击发挥有效作用。第一，捕食者会对以前未在猎物身上见过的任何颜色十分小心，这也可以称为"恐新症"。假若捕食者习惯于看到红色和橘黄

(Vieweg, 1790)

图 40: 飞蛾后翅的惊吓展示。
上图是蓝色飞蛾后翅（缟裳夜蛾），它的翅膀合拢时，显示出其伪装的外表，它的蓝色和黑色后翅用于惊吓展示。下图是暗红色飞蛾后翅（左）和身体较宽的黄色飞蛾后翅（夜蛾属，右）。

图片来自亚历山德拉·妥洛克

色的飞蛾，当它们看到全新的长有蓝翅膀的飞蛾时，就会感到极度震惊。第二，和第一点有些相似，捕食者在攻击它们未预料到的或者从未见过的猎物时，会更加犹豫，也就是说，它们会因毫无防备而吓一跳。例如，捕食者可能曾经见到过蓝色的飞蛾，但是，这种飞蛾如此罕见，以至于它们未能预料到会再次见到蓝色的飞蛾。第三，当捕食者在不同寻常的环境（反常的环境）中遇到某个熟悉的生物体时，可能会更加震惊。例如，它们在正常情况下会在橡树上遇到蓝色飞蛾，在白蜡树上遇到红色飞蛾，而如果这些飞蛾改变一下位置，它们可能会很惊讶。第四，鸟类可能有一种天性，它们只是想避开与有毒猎物相关的颜色。例如，红色的飞蛾和黄色的飞蛾。

6. 虚张声势与出乎意料

沃恩用捕获的几只冠蓝鸦（蓝色尖嘴鸟）在实验室里做实验，他训练冠蓝鸦在一个实验用的木板上把24块板推开，露出一只彩色的圆盘。然后训练它们把圆盘挪开，找到圆盘下面的食物奖励（一只甲壳虫幼虫）。他利用这种实验，通过控制冠蓝鸦所遇的各种颜色情况，能够测定它们遇到不同颜色刺激物时犹豫的程度。他最初训练冠蓝鸦时，只用一种颜色的圆盘（如红色或者蓝色），通过它们从推开木板到挪开彩色圆盘找到食物所耽误的时间来测定冠蓝鸦犹豫的程度。沃恩的一个主要发现是，当这些冠蓝鸦遇到一种新颜色时，就会更加犹豫不定，但是这好像并不受颜色类型的影响。就其本身而言，它们的犹豫是由所遇颜色的新颖性引起的，而不是在回避某种特殊的颜色。他还发现，当它们面对曾经见过但不寻常的颜色时，有时会犹豫更长时间。

沃恩的实验很好地证明了新颖性和出乎意料是如何使惊吓展示起到有效作用的。然而，在一定程度上，这种设计（包括把木板上的板推开，露出彩色圆盘）与冠蓝鸦真正遇到飞蛾时的情形差别很大。我们无法真正确定冠蓝鸦对实验任务的反应与见到真正的猎物时的反应是否相同。不久之后，萨金特的另一位博士生黛布拉·斯切尔诺夫（Debra Schlenoff）做了相似的实验，但是这一次她对鸟进行了更自然的刺激。斯切尔诺夫又一次利用捕获的冠蓝鸦在室内完成了觅食实验。她制作了假飞蛾，用纸板做成飞蛾的"前翅"，前翅下面隐藏着塑料"后翅"，而后翅上绘制有不同的颜色和图案。当冠蓝鸦从一个展板上把飞蛾拉下来要获得食物奖励时，飞蛾的后翅会突然张开。这使斯切尔诺夫能够测定冠蓝鸦对不同刺激物产生的一系列行为反应，包括从攻击猎物期间不断加重的犹豫不决到完全抛下猎物飞走。

在斯切尔诺夫的几个实验中，每个实验都给我们揭示出一些关于惊吓展示是如何发挥作用的有趣情形。首先，如果她一开始就训练冠蓝鸦去攻击统一长有灰色后翅的猎物，那么当它们看到新奇鲜艳的彩色图案时就会受到惊吓，而且这种惊吓的状态持续了好几日。然而，如果反过来，即一开始就训练冠蓝鸦去面对色彩鲜艳的刺激物，那么当它们遇到灰色后翅的猎物时，情况就大相径庭了，它们在捕食这种猎物时不再显示出更多的犹豫，也不会回避这种灰色后翅的飞蛾。因此，虽然猎物惊吓展示的新颖性很重要，但是这种展示的醒目程度和对比程度也很重要。其次，斯切尔诺夫的实验也发现，一旦冠蓝鸦熟悉并习惯了飞蛾后翅的颜色图案，当一种新图案展示给它们时，它们还是会再次受到惊吓。这表明冠蓝鸦习惯了一种特殊的颜色或者图案，而且人们不能简单地概括为它们对所有醒目程度的展示都有同样的反应。最后，当冠蓝鸦习惯了猎物前翅和后翅的图案搭配后，它们还是会对相同的后翅图案却搭配一种不同（但仍然熟悉）前翅图案惊吓展示作出反应。因此，反常性也会使冠蓝鸦受到惊吓。

在20世纪90年代早期的第三次系列实验中，维多利亚·英戈尔斯（Victoria Ingalls）使用了与沃恩同样的仪器，对惊吓展示的新颖性和醒目的重要性进行了进一步的调查。在这项实验中，和清一色的圆盘相比，最初训练识别灰色圆盘的鸟在有醒目黑色条纹的圆盘之前更加犹豫不决。同样，当新颖性很重要时，醒目的程度越高，对鸟的惊吓影响就越大。这一发现可以揭示出为什么许多飞蛾的后翅颜色鲜艳，并且呈条纹状。此外，鸟对红色和黄色比对蓝色、绿色和紫色感到更加恐惧，这和人们通常把红色和黄色作为警报信号的习惯一致。也许只是在实验背景的衬托下，红色和黄色对鸟类的视觉系统产生的影响才比蓝色和绿色更显著。因此，我们不能确定这是颜色本身的作用。最后，英戈尔斯发现，当她把多种彩色圆盘展示在鸟的眼前时，鸟会花费更长的时间去适应那些展示在它眼前颜色较少的圆盘。这表明，飞蛾丰富多彩的后翅会使捕食者无法忽视或不习惯这种展开的翅膀。

其实，惊吓展示的许多方面似乎都很重要，包括这种展示有多么明显，产生的视觉冲击有多么大，多么新奇和罕见，以及颜色和图案的搭配有多么不同寻常。这一研究也说明，在不同的物种中，许多动物对颜色的恐惧感也有差异，因为当鸟遇到颜色鲜艳的物种时，要花费更多的时间去适应这种惊吓展示。例如，如果像鸟这样的捕食者总是遇到裳夜蛾属飞蛾时，它们会慢慢习惯飞蛾的惊吓展示行为。因而，这种惊吓的效果会减弱，捕食者会逐渐学会对这种展示视而不见，反过来还会攻击飞蛾。每一种被捕食的物种都进化出了不同颜色的后翅，导致同一位捕食者遇见相同颜色的后翅物种的机会大大减少。结果，来自每一种裳夜蛾属飞蛾的个体往往得益，因为它们各自的颜色都很稀少。事实上，有30～40种的裳夜蛾属飞蛾能够在同一地点出现，有趣的是，这些共生的裳夜蛾属飞蛾倾向于使用不同的后翅颜色和图案。在裳夜蛾属（和其他相似种类的生

6. 虚张声势与出乎意料

物）中还未进行充分调研的一个问题是，随着时间的推移，在既定的地点，它们后翅颜色变化的频率如何。正如我们在第4章所了解的，各种善于伪装的物种都是多形态的，同一生物以不同的形式出现。这会防止捕食者对最常见的物种形成搜寻图像。随着时间的推移，这种被捕食物种的种群数量就会增加，更常见的种类会减少，而不常见的种类会频繁增加。这种观点应当适用于看起来外表相似的物种。如果惊吓展示有效性的部分原因是出乎意料和新颖性，那么一些不常见的物种可能有一种优势，原因在于当捕食者遇到它们时，不可能在近期见过它们。因此，我们可以认为，随着时间的推移，在后翅类生物中受频率制约的选择和周期发挥了作用。然而，萨金特的研究表明，至少在一些地方，随着时间的推移，有着不同后翅图案的物种的变化频率相对均等、稳定。如果捕食者仅仅根据它们近期所遇到的后翅类型来预测，而不是通常评估不同类型在较长的一段时间内出现的常见程度，那么这种情况也许会发生。到目前为止，虽然我们并不确切了解真实的状况，但是有趣的是，后翅类动物的图案和飞蛾动物的变化频率可能和捕食者的认知及一般行为的许多方面紧密关联。

惊吓展示行为绝不仅限于飞蛾。生物学家也对乌贼进行了研究，这种研究已经帮助我们了解了乌贼利用惊吓展示行为的时间和方式。苏塞克斯大学的克里·兰格里奇（Keri Langridge）及其同事发现，当欧洲的小乌贼（欧洲横纹乌贼）遇到潜在威胁时，会采用类似的惊吓展示行为。根据我们的观察，乌贼堪称伪装大师，它们能在几秒钟内改变自身的颜色和图案，快速地与其所处的背景环境相似，也能利用自身的颜色变化技能彼此发出信号，或者向其他动物发出信号。兰格里奇展示了一些对乌贼构成潜在威胁的物种，包括蟹类、巨头鲸和小鲈鱼，同时记录了乌贼是如何应对这些威胁的（使自己没有成为盘中餐）。蟹类和巨头鲸并不主要凭视觉捕食，而鲈鱼的视觉却足以有效地识破乌贼的伪装。当受到巨头鲸和蟹类的威胁时，乌贼会逃掉。但是，当受到鲈鱼的威胁时，乌贼会释放出墨汁，伸出触须，使自己的整个身体看起来更加庞大（图41）。就像其他脊椎动物一样，乌贼会以某种方式对不同的威胁加以甄别并选择最为有效的防御方式应对每一种威胁。后来，兰格里奇发现，乌贼事实上并不会使用这种惊吓展示来对付体态较大的成年鲈鱼（相反，它们常常逃跑或者隐匿）。这与许多昆虫利用惊吓展示来

图 41：乌贼的惊吓展示。
此举使其身体更加庞大并展
示出两个突出的墨囊。
　图片来自克里·兰格里奇

应对危险的和明显的威胁的行为不同，因为乌贼事实上并不利用惊吓展示行为来对付
最危险的捕食者。相反，乌贼在对付比较讨厌但并不特别危险的动物时，或者当调查
它们的小鱼能够吸引远处观察它们的更大危险的成年鱼的注意力时，它们的惊吓展示
行为好像更加有用。兰格里奇认为，这种差异产生的原因在于飞蛾和昆虫仅限于靠飞
行能力来躲避像鸟之类的捕食者的进攻，所以无法成功逃离，而乌贼能够靠往水中喷
射墨汁来迅速逃跑。

　　虽然人们常认为惊吓展示行为是视觉行为，但是没有理由认为惊吓展示不能进化

6. 虚张声势与出乎意料

到可以利用其他感觉形态进行。其实，许多研究表明，声学意义上的惊吓展示行为存在于昆虫类动物中。正如我们之前已经探讨的，许多被蝙蝠攻击的飞蛾已经进化出了两只耳朵，对正在捕食的捕食者进行声音回声呼叫的定位，还进化出了发声器官，传回有毒蝙蝠的信号。当蝙蝠攻击飞蛾时，飞蛾的另一种应对方法就是突然发出一种令人吃惊的声音，好像一些飞蛾就只是采取了这一种方法。例如，科学家过去曾经做过一些实验，在训练蝙蝠从台子上带走面包虫时，让它们突然听到飞蛾发出的微小静电干扰的叫声。蝙蝠对此作出了反应，特别是当蝙蝠要攻击飞蛾的最后一段时间（就是在几乎捕捉到猎物的那一刻），当飞蛾又发出了微小静电干扰声的时候，蝙蝠确实显示出受到惊吓的样子。然而，蝙蝠也很快习惯了飞蛾的这种声音展示，这表明只有在它不常碰到这种飞蛾时，飞蛾的这种声音展示才起作用。这种情况也适用于裳夜后翅蛾。有趣的是，这种超声波微小静电干扰声，在虎甲虫的实验中也有记载，并且也起到了惊吓展示的作用。

然而，迄今为止，声学惊吓展示存在并且发挥着作用的最有力证据来自加拿大卡尔顿大学维罗妮卡·布拉（Veronica Bura）最近的研究。研究团队有一个有趣的跟踪发现，那就是当人们捏起并挤压北美胡桃天蛾毛毛虫（紫穗蛾、蚕蛾）时，它就会突然发出一种叫声。研究团队首先发现，这种毛毛虫叫声的音频比人类和鸟类能够察觉的超声波高一些，并且这种声音会持续几秒钟。像其他昆虫一样，毛毛虫通过体内被称为气门的微孔进行有效呼吸，这个气门使空气进入特殊的导管，将氧气扩散到血液中。然后，他们用乳液将毛毛虫成对的不同气门封上，堵住入口，结果发现，毛毛虫尤其靠从第八对增大的气门排出空气而发出声音。这种声音与有名的马达加斯加蟑螂发出的"咝咝"声相似，有点像蛇发出的声音。接着，他们把活毛毛虫放到捉来的3只黄林莺面前，并且拍摄接下来发生的一幕。果然不出所料，黄林莺准备吃毛毛虫。但是，当黄林莺叼起虫子的时候，毛毛虫本能地发出鸣叫声，吓得这3只黄林莺无一例外地都扔掉了毛毛虫，有时候还飞起来以及潜到水里躲了起来。其实，它们连一条毛毛虫都没有吃到。尽管人们试着几次给它们抓毛毛虫吃，尽管这种尝试一直持续了16 min，但它们还是没有习惯毛毛虫的叫声。

这种声学意义上的惊吓展示也存在于鳞翅目类成虫中，这一点在孔雀蛱蝶中已得到证实，很快我们也将对这一物种进行探讨。当受到干扰时，孔雀蛱蝶就会忽然挥动并合拢翅膀，通过翅脉摩擦，发出超声波微小静电干扰声。很明显，它发出这种"嗞嗞"声是为了阻止啮齿动物的攻击，因为许多啮齿动物是能够听到超声波的。孔雀蛱蝶常常在容易受到老鼠和其他啮齿动物伤害的聚居地栖息过冬，这些动物会发现孔雀蛱蝶是容易捕获的猎物。马丁·欧佛森（Martin Olofsson）及斯德哥尔摩大学的同事在实验室里给孔雀蛱蝶展示了老鼠，以检验孔雀蛱蝶的惊吓展示行为是否能阻止啮齿动物的攻击。他们操纵着孔雀蛱蝶的翅膀，这样孔雀蛱蝶要么能够发出声音，要么保持沉默（但还是能够进行惊吓展示行为并照常移动它们的翅膀），然后他们就对老鼠会对这两种猎物作何反映进行评估。当孔雀蛱蝶能够发出声音时，老鼠更有可能逃跑，这表明啮齿动物确实受到了这种展示行为的惊吓。可以推定，如果几只孔雀蛱蝶在其领地过冬时同时被（啮齿动物）打扰，这种展示行为的效果将会更加明显。虽然目前我们还不知道老鼠是否只是对任何未曾料到的噪声感到恐惧，或者孔雀蛱蝶奇特的声音本身就令人吃惊或者反感，但是这个研究仍然令人信服。例如，就啮齿动物能够听到的清晰的频率而言，或许蝴蝶的声音尤其突出。

在继续探讨惊吓展示行为之前，许多物种展示的另一方面尚有待于我们思考，这个问题多年来引起了很多争论，也与我们以前探讨的昆虫的贝茨氏拟态相关。快速浏览一下飞蛾和蝶类的野外工作指南，我们会发现许多亚热带和温带物种都有一个共同的特征，即所谓的眼状斑点。这些环状标记成对地长在它们身体两侧的每对翅膀上，大小、颜色和复杂性各异，使不同种类的物种显得如此醒目，以至于它们在物种中出现的频率引人注目。有些斑点很大，图案复杂，在翅膀中间的附近可以直接发现，但是有些斑点较小，常常沿着翅膀的边缘成排地出现。这些眼状斑点值得人们进行详细研究，因为它们已经引起了许多进化生物学家的注意，他们试图研究捕食者与猎物之间的互动以及是如何迷惑对方的。虽然这些眼状斑点可能有一些功能，但是它们的一个基本作用与惊吓展示行为结合在一起。

我们可能首先问的问题是，这些眼状斑点是否确实能够阻止捕食者的进攻（我们将

6. 虚张声势与出乎意料

很快探讨为什么眼状斑点能阻止捕食者进攻的问题）？为了检验这个问题，20世纪50年代，大卫·布列斯特针对孔雀蛱蝶做了第一个实验。这种蝴蝶的翅膀上端长有许多硕大华丽、五光十色的眼状斑点，可是当它们的翅膀合拢时，颜色就会变暗，形似枯叶（图42）。孔雀蛱蝶在静止时常常合拢翅膀（晒太阳时除外），但是有危险时，它们会迅速张开翅膀，并且连续地开合。布列斯特擦掉孔雀蛱蝶翅膀上的鳞屑，以去除眼状斑点，然后把它们放到鸟的前面。实验表明，与面对有完整的眼状斑点的蝴蝶相比，鸟不太可能因蝴蝶无眼状斑点的展示而受到惊吓。这项早期的研究工作很有用，但是很不幸，布列斯特的实验并不包括擦掉蝴蝶身上眼状斑点的效果作为控制组来进行对比。只有那些擦掉眼状斑点的展示效果不如那些眼状斑点完整无缺的展示效果，他的研究结果才能显现出来。

　　几乎在50年之后，才有清晰的证据最终证明，眼状斑点确实能够惊吓住鸟类。来自斯德哥尔摩大学的艾德里安·华林（Adrian Vallin）和他的同事基本上重复了布列斯特的实验，他们对蝴蝶进行了更加有效的控制，而且没有出现布列斯特操纵蝴蝶的问题。在实验室里，他们把孔雀蛱蝶放到捕获的蓝冠山雀面前，并记载了它们之间的相互反应，包括蝴蝶被吃掉的可能性有多大。华林用不掉色的黑色麦克笔把几只蝴蝶的眼状斑点完全涂成黑色，而把其他蝴蝶离眼状斑点较远的翅膀的不同区域涂成黑色眼状斑点（这会起到控制的作用，操纵眼状斑点可能会影响蝴蝶的展示效果）。实验清晰地表明，眼状斑点能有效地阻止鸟的进攻。在对眼状斑点位置原封不动的蝴蝶进行的34次实验中，只有1只蝴蝶被鸟吃掉；相反，在对眼状斑点位置移动的蝴蝶进行的实验中，20只蝴蝶中有13只被鸟吃掉。这表明，眼状斑点在蝴蝶的展示中比翅膀的其他部分都重要。值得注意的是，历次实验都是在一个大约2 m宽的房间里进行的，每次实验都持续了整整30 min（蝴蝶被吃掉的情况除外），但是在多次实验中，只有1只有眼状斑点的蝴蝶被吃掉。在许多情况下，虽然鸟多次地接近一动不动的蝴蝶，但是却不断地因蝴蝶随后的惊吓展示而放弃了攻击。因此，这种惊吓展示的效果很强，而且持续的时间长。然而，有趣的是，研究团队操纵蝴蝶的翅膀以防止它们发出"咝咝"声的做法并没有影响鸟的攻击意愿，这进一步说明，惊吓展示的听觉成分针对的是啮齿动物，而不是鸟类。

然后，华林及其同事做了另一个类似的实验，他们把有眼状斑点的孔雀蛱蝶、鹰眼蛾（灰天蛾）和没有眼状斑点的孔雀蛱蝶、鹰眼蛾放在蓝冠山雀和大山雀的鸟舍里。鹰眼蛾个头大，后翼上的一对眼状斑点呈黑蓝色（或黑白色），斑点周围被红色的着色包围（图43）。它们的展示和孔雀蛱蝶的展示多少有些不同，当受到威胁时，它们会展开翅膀，震动身体，在同一位置摆动双翅，以使现有的眼状斑点更加明显。这项研究也表明，眼状斑点在阻止鸟类进攻时发挥了作用，但是这两个物种的展示效果不同，因为鸟对孔雀蛱蝶比对鹰眼蛾更警觉。然而，这种结果究竟是源于孔雀蛱蝶比鹰眼蛾有更多的斑点（是4个而非2个）、斑点的颜色差异，还是展示方式的差异，就不得而知了。

这些相关研究清晰地表明眼状斑点提高了惊吓展示的有效性，但是问题是，为什么惊吓展示能够发挥作用？有关眼状斑点功能的大部分研究最青睐的观点是，这些眼状斑点伪装了大型捕食者的眼睛（正像"眼状斑点"名称的含义一样）。一只正在觅食的小鸟要攻击一只飞蛾的现象可以解释为：飞蛾的一对眼状斑点就像小鸟的捕食者（比如一只鹰或者其他猛禽）的眼睛一样突然睁开，反而吓得小鸟逃之夭夭。这也许是已知的有

图 43：当鹰眼蛾（灰天蛾）受到攻击时。这时，它会张开翅膀，露出后翅上的眼状斑点，这能预防鸟的攻击。

图片来自 Татьяна Сереsбрякова/123RF（版权所有）

关保护色的为时最长的观点之一。早在19世纪早期，自然历史学家就曾对由蝴蝶的标记作出的眼睛拟态伪装给予了简短描述。当然，到20世纪中期，这一观点便广为流传。直到今天，这一观点在科学文献和通俗文学中仍然存在。翻开任何探讨眼状斑点的书籍或者论文，它们几乎都不同程度地陈述或者提出眼状斑点眼态模拟的观点。但是，如果我们对这一观点进行深入探究，就会发现情况比我们相信的许多研究更为引人争议。

从我做博士研究以来，眼状斑点眼态模拟的观点便一直是我感兴趣的一个课题。最初，我的论文研究目标是调查伪装行为与眼状斑点如何对阻止动物捕食发挥作用。虽然最终我的论文更多地关注动物的伪装行为，但是我的导师与我也做了几个关于眼状斑点的实验，试图发现是什么因素导致这些眼状斑点在恐吓鸟时起到了作用——此后，我连续做了几年这类实验。我对眼状斑点模拟大型捕食者眼睛的假设一直心存疑虑，这并非我不相信眼状斑点会模拟眼睛，而是因为相关的确切证据微乎其微。除此之外，我甚至不太确信一些眼状斑点看起来像眼睛的观点。来看看布列斯特和华林研究的主体——孔雀蛱蝶，人们认为它的眼状斑点伪装了眼睛是很正常的，但是如果观察它的翅膀，你会发现那些斑点由各种蓝色和红色组成，而大部分的眼睛里没有这种斑点所呈现的各种形状和不对称性，那么人们对眼状斑点具有模拟动物眼睛功能的观点存有疑问就再正常不过了。身上有眼状斑点的鹰眼蛾的颜色也是如此。如果这些眼状斑点伪装了捕食者的眼睛，为什么它们的图案和颜色与捕食者真正的眼睛不同呢？更为重要的是，正如我在整本书中试图强调的，在任何情况下，我们不能仅靠我们的观察而下结论，因为关键在于捕食者的观察和大脑。此外，还有许多原因使得人们对眼部贝茨氏拟态表示怀疑，因为许多支持眼部贝茨氏拟态的观点都可以用其他方式来解释。例如，许多眼状斑点在形状上是圆形的，由围绕中心的圆一圈一圈组成。在一些鳞翅目昆虫中，它们斑点的中心区域是黑色，上面有白色的或醒目的红色斑点。人们常常认为这是模拟捕食者的散发着一缕光的黑色瞳孔。除此之外，有时还有一圈淡淡的光环或者像黄色之类的颜色，人们认为这是模拟眼睛的虹膜。虽然这一切听起来很有道理，但是，研究蝴蝶基因和发育的生物学家证实，相对来说，圆形和同心圆的形状在蝴蝶或者飞蛾的蛹形成的过程中很容易发展。基本上所发生的情况是，眼状斑点在一个中心焦点开始发展，化学物质以一种

6. 虚张声势与出乎意料

放射状的样式由此向外扩散，变成翅膀上的鳞屑细胞，不同的集聚方式最终决定了它们的颜色。由于这种辐射状扩散，它很容易形成圆形的形状，而不是其他形状。同样，许多眼状斑点成对地出现，各自出现在身体的一边，人们经常会认为这是伪装了一双眼睛。不过，在身体的每边各有一只眼睛的特征（也称为"两侧对称"），这在动物中极其普遍，由动物的身体结构工作的方式和许多动物对称的中心线决定。最后，还没有实验直接测试过眼睛拟态伪装应对其他竞争的解释。布列斯特、华林和其他人的实验令人信服地证实，眼状斑点在阻止捕食者时发挥了作用，但是他们没有证实其中的原因。

所以，如果眼状斑点没有伪装眼睛，那么它们还有什么作用吗？有几个并不相互排斥的观点。大概在最近几十年，一些研究证实，鸟与其他捕食者对新颖的或者不熟悉的食物常常十分小心，而且对食物的回避态度有时会因有明显或者突出视觉特征的刺激物而加剧，像明亮的颜色或者明显的标记。这导致捕食者要么会直接避开任何新食物（新奇恐怖症），要么会在攻击任何看起来不太有利的动物时十分小心翼翼（就等同于许多人是如何坚持吃他们熟悉的食物，同时避开其他某些特定的食物）。这言之有理，因为在现实环境中，许多食物吃起来是有危险的或者不舒服的，所以，一定程度的谨慎可能有利于觅食。眼状斑点常常具有十分明显的特征——吸引眼球和注意力的刺激物，而且它们强烈的视觉对比、明亮的颜色和图案应该有利于刺激捕食者视觉系统中的感觉细胞。因此，这些强烈的视觉信号能够提高捕食者回避行为的发生频率。

眼状斑点可能会阻止捕食者攻击的另外一个潜在原因是，它首先应用于惊吓展示。对人类和其他动物的研究表明，我们的视觉系统处理并估计视觉信息的速度有一定限度，这在于信息的数量以及处理这些信息需要的时间较长。如果信息量大，就需要更长的时间去处理它。这意味着，如果你给人展现一种有单一颜色和图案的刺激物，人们对它们的反应就会比对复杂颜色、形状和图案的刺激更快、更恰当。眼状斑点无疑十分复杂，包括许多有关惊吓展示的斑点，由一系列形状、颜色、对比度和图案组成，还包括突然或者重复性的行动和声音。在这样的情况下，它们可能只是一种很好的用突然的刺激使动物的感觉系统超负荷的方式，使捕食者（在捕食时）犹豫，并使猎物（趁机）逃跑。从理论上讲，这对连续展示的眼状斑点也有用（一些鳞翅目飞蛾的翅膀上有眼状斑点，这些斑点常常裸露着）。因为捕食动物在捕食时处于有限的时间限制下，需要在极短的时间内作出快速、精确的决定。因此，如果它们不得不快速作出是攻击目标还是飞走去找寻其他目标的决定，眼状斑点复杂的特点就会使捕食者倾向于作出快速反应，选择后者。

在过去五年左右的时间里，我和许多同事一起做了多次实验，希望给出区分眼部拟态伪装的原理和基于眼状斑点极为明显可见时起到一定作用的解释。它们的差别并不完全明确，因为这两种理论不需要互相排斥。然而，作出相反的预测也是有可能的。如果眼部拟态伪装重要的话，我们尤其希望捕食者能对猎物的眼状斑点（与动物真正的眼睛极为相似）退避三舍。然而，（无论它们与真正的眼睛有多么接近）当两者的对比性明显时，如果视觉上的突出是关键因素，那么我们就会希望眼状斑点最为有效。为了验证这些观点，（在第4章）我们用一只死去的粉虱和印花三角形防水纸做了一些假蝴蝶，来进行伪装飞蛾的实验。和上一次一样，我们的目的并不是模拟任何真正的飞蛾或者蝴蝶的物种，而是制作一只会被鸟当成猎物的被捕食动物，以检验眼状斑点起作用的一般原则。我们用针把不同图案的目标（假蝴蝶）钉在树林中的树上，经过几小时甚至几天的观察，来观察目标是否受到鸟的攻击或者被鸟吃掉。通过印制出不同形状、不同颜色和对比鲜明的眼状斑点，我们能够改变目标醒目的程度及其与真正眼睛的相似度，并能够看出这是如何影响到假目标的幸存状态。

第一批实验中涉及的眼状斑点的一个实验比较简单，全部由一只单眼组成（不是同心环复眼），它们的颜色或者是黑色、白色，或者是少许淡灰色、深灰色（图44）。虽然鸟分不清蝴蝶的斑点是白色还是黑色（或者是深灰色还是浅灰色），但是它们攻击带有白色和黑色斑点目标的次数少于带有灰色斑点目标的次数。因为与"翅膀"的背景相比，黑白斑点比灰色斑点更加明显，这表明，在斑点的效果方面，对比度是一个重要因素，对比度高的斑点能够避免遭受更多的攻击。此外，一只单一的黑色"瞳孔"并不比一只没有眼睛形状的白色斑点遭受的攻击少，这不禁令人对眼部拟态模拟的观点产生怀疑。再者，我们画的斑点由黑白两种颜色组成：或者是由黑色环绕着白色的中心，或者是由白色环绕着黑色的中心。这两种刺激物的类型虽然有完全一样的视觉对比度和醒目

程度，但是后者更像眼睛，因为它更像眼睛黑色的瞳孔和虹膜。这里，我们发现幸存的猎物并没有差异，这又一次意味着眼部拟态伪装（是否逼真）的水平并不重要。我们也进行了改变斑点形状的实验，从圆形到正方形和长方形，又一次发现，对幸存的猎物而言，结果仍然没有任何差异。圆形并没有提高斑点的威慑效果。然而，当猎物的斑点更大、数量更多时，包括与两个斑点相对的三个斑点，猎物就能更多地避免被攻击。总之，这一系列实验（包括我没有提到的其他实验）清楚地说明，对醒目程度的偏好是决定眼状斑点（威慑效果）成功与否的重要决定因素，但是这些实验几乎并没有给眼部拟态模拟原理提供足够的数据支撑。

最近，来自印度科教研究所的瑞维卡·慕克吉（Ritwika Mukherjee）和尤拉撒·酷丹达拉美（Ullasa Kodandaramaiah）做了一项研究，他们把两只纸蝴蝶模

图 44：**纸蝴蝶的例子。**用于验证眼状斑点在吓跑鸟时的一些有效特点。在用野鸟做实验时，有一个大斑点或者三个小斑点的目标比有两个小斑点的目标受到的攻击少。与此相反，在猎物幸存时，无论它的斑点中心是黑色还是白色，或者它的斑点形状是圆形还是长方形，都没有什么差别。

图片来自马丁·史蒂文斯

型（大概模仿孔雀蛱蝶物种）放到小鸡面前，让小鸡选择是否攻击。他们检验了当蝴蝶具有一系列与斑点一样的特征时，小鸡将进行试探并啄食任意一种模型的可能性有多大。他们从几次实验中得到了一些重要发现。在这些发现中，只有一个结果支持眼部拟态伪装的原理，因为与它们要攻击画有一个单一大斑点的蝴蝶模型相比（与以前的实验结论相反），小鸡不太可能去攻击一个有一双小眼状斑点的模型（一双"眼睛"）。实验也表明，在攻击有一对小斑点或者大斑点的蝴蝶模型时，小鸡没有表现出什么差异。然而，在一定程度上与这两个理论一致的是，小鸡更有可能攻击有一排小的眼状斑点的模型，而不是那些有一对大一些的眼状斑点的模型。最为有趣的是，小鸡对于有一双正常的（像眼睛一样的）眼状斑点的模型和眼状斑点形状已经被破坏（变成了一对不是圆形的"扇形"斑点，看起来一点也不像眼睛）的模型的攻击倾向没有差别。可以理解的是，这些研究者的实验结果并不完全符合这两种理论。他们的实验表明，需要做更多的工作来理解这些表面上看似相互矛盾的结果，而且实验结果可能因实验方法不同而有所差异。他们的这次实验基于家禽在可控的实验室条件下进行，在这里可以直接观察到捕食者的行为，在它们面前同时放两种猎物，供其选择攻击目标。此实验设计为捕食者营造了同时遇到两种猎物及其"被迫"选择其一的场景。与此相反，野外实验是在更为自然、人为控制更少的条件下把猎物呈现在许多捕食者的面前。在这些实验中，与猎物的相遇是有顺序的，这就意味着，捕食者在任何一个时间中只能遇到一种猎物，而且捕食者面临的选择不是要攻击两种中的哪一种，而是要选择是攻击一个猎物还是完全置之不理。虽然这两种实验方法并无对错之分，而且各有其优点，但是这些不同之处可以用来解释一些迥然不同的调查结果。

到目前为止，眼部拟态伪装的假设看起来似乎并不乐观。但是，由于这种情况在科学界时常发生，其他一些最近的研究也确实支持这一观点。原先，德国海因里希·海涅大学的研究者进行了一次与我们的野外实验极为相似的实验，他们也是在假的纸蝴蝶翅膀上画上眼状斑点，但是斑点的外表与我们的有所不同，包括改变它们的大小，给斑点黑色中心的不同部位增加一小部分白色强光或者亮光。较大的斑点还有那些带有白色亮光部分的斑点，使得猎物被鸟吃掉的可能性更小。然而，当猎物眼状斑点中心的上部涂上亮光时，它被攻击的可能性最小。这就和眼部拟态伪装潜在地一致，因为真正眼睛里的闪光常常是从眼睛上部射出来，而多数的自然光也都是从上面照射下来。接着，在2015年，来自芬兰韦斯屈莱大学的塞巴斯蒂亚诺·德·博纳（Sebastiano De Bona）和他的同事做了一项研究，他们用计算机仿真模拟展示了不同的眼睛特征，来刺激捕获的大山雀。他们对计算机图像进行了5种（仿真模拟）处理：一种是模拟有正常的像眼睛斑点的猫头鹰蝶，这是一种热带地区的新物种，常常被作为与鹰眼（有黑色的"瞳孔"和黄色的"虹膜"环绕）相似的眼状斑点的经典例子（图45）。然后，他们进行了另一种处理，但是把斑点图案颠倒了，现在是以黄色为中心，由黑色环绕，还有一种处理是用计算机技术把眼状斑点完全移除。最后，他们用两种处理方式显示出一只矮小猫头鹰的脸部（花头鸺鹠）：一种处理方式是一只眼睛张开的猫头鹰，另一种处理方式是一只眼睛闭合的猫头鹰。在做实验期间，他们把鸟放入实验场地，允许它们攻击计算机显示器旁一只粉虱的幼虫。实验开始时，单调的白色屏幕切换了，显示出其中一种处理方式。德·博纳及其同事预计，如果眼状斑点伪装眼睛，那么大山雀最害怕的应当是张开眼睛并有正常的蝴蝶眼状斑点的猫头鹰。与之相反，如果眼状斑点的醒目程度很重要，那么图案颠倒的眼状斑点应当与正常的眼状斑点一样令人反感。在大山雀中，真正的眼状斑点比起修改的眼状斑点引起了更多惊吓反应，而且大山雀对真正眼状斑点的反应以及张开眼睛的猫头鹰的反应并没有什么差别。这表明，通过眼部拟态伪装，眼状斑点似乎更为有效，而且与猫头鹰真正的眼睛相比，它们在惊吓效果上相似。那么为什么当其他许多研究还没有找到证据时，这项研究找到了有利于眼睛拟态伪装清晰一致的证据？其实，这一研究与其他研究之间有重要差异。德·博纳及其同事的实验包括眼状斑点在惊吓展示中突然显现，而不是像在过去的研究中那样连续可见。而且，对于人眼而言，与以前的研究中使用的那些眼状斑点相比，这里使用的眼状斑点是更有说服力的拟态伪装，说明当眼状斑点与眼睛的相似度不高时，醒目程度可能很重要。但是，当眼状斑点与眼睛十分相似时，醒目程度可能并不是至关重要的。

对猫头鹰蝶斑点进行的研究是迄今为止最好的证据，证明蝴蝶的眼状斑点可以通过伪装眼睛发挥作用，而且这也与考察毛毛虫身上发现的眼状斑点的研究不谋而合。博物

图 45：猫头鹰蝶身上的眼状斑点。该图显示，通过伪装真正捕食者的眼睛（像猫头鹰的眼睛），猫头鹰蝶身上的眼状斑点可以吓跑鸟。

图片来自马丁·史蒂文斯

学家们长久以来一直在争论某些种类的毛毛虫伪装蛇的现象，涉及两者的活动及其着色和姿势。许多这样的潜在拟态伪装都有眼状斑点。当时加拿大卡尔顿大学的一名科学家托马斯·霍西（Thomas Hossie）将我的注意力转向了贝茨在1862年写的关于他的亚马孙游记中的一段话：

我曾遇到的最离奇的模仿例子是一只个头很大的毛毛虫。一天，它从我正在查看的一棵树的叶子中伸出头来，它与一条小蛇很相似，把我吓了一跳。它脑袋后面的前三段可以随心所欲地膨大，在它身体的每一侧都有一个很大的黑色乳头状凸起的斑点，与爬行动物的眼睛相似：它伪装成了有毒物种或者说伪装成了毒蛇，并非无毒的蛇。这种行为通过毛毛虫模仿蛇

6. 虚张声势与出乎意料

头顶的龙骨鳞屑可以证实，而龙骨鳞屑是毛毛虫倒行时通过它斜倚的脚产生的……我把这只毛毛虫带走了，给我当时住的村里的人看，他们每个人都大为惊恐。

即使在大约一百五十年之后，霍西在秘鲁的亚马孙河独自旅行时，也许遇到了相同的物种（或者是赫摩里奥普雷斯毛毛虫，或者是特里普托勒摩斯毛毛虫）（图46）。像贝茨一样，霍西确信这是对蛇的拟态伪装，但是他认识到这需要进行实验验证，便与导师汤姆·谢拉德就毛毛虫的毒蛇拟态伪装展开了课题研究。在他们的最初研究中，霍西和谢拉德验证是否在毛毛虫身上发现的眼状斑点确实阻止了鸟这种捕食者。他们用食用色素着色的面点制作了绿色毛毛虫的假模型，这样鸟可以攻击并吃掉这些假毛毛虫（图47）。他们在一些毛毛虫身体的末端标上眼状斑点，用针把这些模型固定到树枝上，并监控在大约4天的时间里到底有多少毛毛虫受到攻击。毛毛虫的眼状斑点确实有助于减少它被捕食的可能性，但是仅限于伪装得也很好的毛毛虫模型，这与着色统一的猎物相对。下一步，他们使用了有眼状斑点的毛毛虫和没有眼状斑点的毛毛虫，它们的形状或者是圆柱形的模型，或者是身体前端变宽的模型（当一些毛毛虫向捕食者展示时，就会发生这种情况）。这里，毛毛虫的眼状斑点又一次提供了对付捕食者的优势，就像毛毛虫变宽的身体部分具有的优势一样。这些结果显示，鸟对具有更多蛇的拟态伪装特征的毛毛虫十分小心，但是并没有显示出眼状斑点是否因与蛇的眼睛相似而发挥了作用。

为了解决这一问题，霍西和谢拉德与约翰·斯克尔霍恩组成了团队（与第4章中研究毛毛虫对树枝进行拟态伪装的是同一个人）。他们在一个大鸟笼里给小鸟展现了人造毛毛虫，这些毛毛虫或者有眼状斑点和变大的身体部分，或者没有这些特征。他们还改变了这些特征在猎物身上的位置，这些特征如同蛇和伪装蛇的幼虫身上的特征一样，要么是在毛毛虫身体的前部，要么在其身体的中部。小鸟对身体前部有眼状斑点和身体变大的毛毛虫比对身体中部有眼状斑点和身体变大的毛毛虫更为警觉，因为毛毛虫展示的身体组成部分位置的变化并不会充分改变它们的醒目程度，而是影响拟态伪装成蛇的精确性。这些结果表明，鸟避开猎物的原因在于它们害怕蛇，并非只是避开某

图 46：哥斯达黎加的一种毛毛虫。它与一种有毒的蛇惊人地相似，最有可能是赫摩里奥普雷斯毛毛虫。

图片来自卡芮森姆（版权所有）/盖帝图像社

图 47：加拿大虎凤蝶末龄毛毛虫（左图）和有一个眼状斑点的人造毛毛虫猎物的例子（右图）。这是霍西和谢拉德用来检验眼状斑点在潜在的蛇拟态伪装中的作用。

图片来自托马斯·霍西

种不熟悉的东西。

所以我们有充分的理由相信，毛毛虫身上的眼状斑点确实是伪装了眼睛。但是这项研究仍然遗留了一个疑点，因为许多明显地伪装成蛇的毛毛虫实际上生活的地方并没有危险的蛇存在。如果没有令捕食者害怕的危险的模型，那么拟态伪装怎么能够发挥作用，并一直保持着这种状态？霍西提出了若干可能性，包括一些鸟从确实有危险的蛇出没的区域迁徙而来；或者在进化史上，许多鸟因为与蛇相遇而对蛇的恐惧感与生俱来或者具有"基本固定"的恐惧。如果这种行为是与生俱来的，那么今天生活在没有蛇出没的区域的鸟可能仍然保留有对蛇的恐惧感。当下我们并不清楚这一问题的答案。

总之，最初好像是拟态伪装和欺骗行为的一个教科书例子，如今却并没有比人们经常假设的情况更清楚。几乎有10%的研究检验眼睛拟态伪装的假设，大部分假设或者未能发现眼睛拟态伪装的证据，或者最多提供了模糊不清的研究结果。然而，最近少量的研究终于开始支持这一观点。目前我们需要进行更多的研究去理解为什么能够发现对比如此鲜明的结果，这一定与至少部分地与人们对于实验的设计、实施方式的某些特定特点有关。迄今为止，我们能够得出的结论是，也许眼部拟态伪装对一些物种的眼状斑点的功能十分重要，尤其在毛毛虫中如此，但是对于所有发挥作用的眼状斑点而言好像并非如此。迄今为止，在所有的研究中，也许只有3项旗帜鲜明地支持眼部拟态伪装的观点，所以下结论说所有的眼状斑点伪装眼睛或者醒目度不重要还为时过早。除此之外，我们从眼状斑点得到的启示是，我们需要小心，不能过于依赖我们自己对动物颜色图案和动物欺骗行为的印象，而不去依据客观的实验证据，而且有时结果可能会比我们想象的更为复杂、有趣。

当我们对惊吓展示的议题继续探讨时，其他类型的眼状斑点也值得思考，因为它们说明了猎物欺骗捕食者并操纵其攻击的另一条路径。迄今为止，我们探讨的眼状斑点一般都很大，而且位置集中于身体上或者翅膀上，以达到最大效果，但是许多鳞翅膀类的眼状斑点会作为很小的斑点出现在翅膀的边缘处，常常成排地排列（图48）。这些眼状斑点似乎并不是通过吓跑捕食者而起作用，而是通过转移攻击，从易受伤害的身体到外边缘发现的小斑点发挥了作用。因为蝴蝶和飞蛾常常在翅膀受到很大伤害的情况下也能够飞行，所以它们在失去翅膀的一部分时也能够存活，并活着熬到第二天。虽然这好像是个简单的想法，但是难以证实这一想法确实如此并众所周知。最初的研究对野生蝴蝶有记载，它们的翅膀上缺少正常情况下应该有的三角形鸟嘴形状的大块。

这一损害好像在翅膀边缘有眼状斑点的物种中更为常见，与偏转的功能相一致。然而，这类数据的问题在于，我们不能确定是由于眼状斑点引导它们攻击翅膀边缘，还是它们的存在引发了更多捕食者攻击这些物种。情况可能是，有眼状斑点的蝴蝶更有可能首先遭到攻击。我们需要做的是对捕食者进行实验，并改变眼状斑点的存在和特点，看那样是否会影响捕食者的攻击行为。事实上，几个实验室确实针对这一研究进行了实验，实验人员把有眼状斑点的蝴蝶展现给鸟和蜥蜴，并分析捕食者攻击的区域。不幸的是，与蝴蝶身体的其他部位相比，这些研究几乎没有证据可以显示出捕食

6. 虚张声势与出乎意料

图 48：一只体态较大的褐色斗毛眼蝶。在接近翅膀的边缘处有一排很小的眼状斑点，这些斑点与蝴蝶原来伪装的外表不同。

图片来自马丁·欧佛森

者更有可能去攻击蝴蝶有眼状斑点的翅膀边缘，而不是身体的其他部位。

直到2010年，有关偏转的直接证据才开始出现。斯德哥尔摩大学的马丁·欧佛森及其同事（许多人来自研究孔雀蛱蝶的惊吓展示的同一团队）给捕获的蓝冠山雀提供了裱好翅膀的林地褐蝴蝶（黄环链眼蝶）。林地褐蝴蝶这一物种有成排的眼状斑点，翅膀下侧有黑色、白色和黄色圆环，它的眼状斑点上的白色标记也能明显地反射紫外线。

欧佛森及其团队检验了蓝冠山雀在3种光照条件下的反应：无紫外线的弱光、有紫外线的强光和有紫外线的弱光。在无紫外线的强光和弱光下，蓝冠山雀一般会攻击蝴蝶的头部区域，但是在有紫外线的低光下，它们改变了方向，反而攻击蝴蝶翅膀上有眼状斑点的区域（图49）。这是第一个证据，明确地显示出眼状斑点原则上能够使鸟的攻击产生偏转。然而，这些发现的相关性还不清楚，有以下两个原因：第一，观察到效果的光照处理（有紫外线的低光）是人为的，比起自然背景正常紫外线光照强度要高得多，这可能人为地使蝴蝶身上的白色斑点显得很明亮。第二，沿着蝴蝶翅膀上成排的斑点有一个突出的白色条纹，这个条纹在紫外线下也会显得十分绚丽夺目，所以难以确定鸟是明确地针对斑点、条纹或者那个大致区域，因为那是蝴蝶唯一能看得见的部分（蝴蝶的前部几乎没有白色的标记）。

　　近来，在2013年，欧佛森及其同事进行的进一步实验使其早期的研究得到验证。他们证实，眼状斑点使鸟在自然背景下和更为自然的光照条件下攻击看到的蝴蝶时发生偏转。他们给实验室里的蓝冠山雀展示了死去的蝴蝶，这些蝴蝶有树皮作为背景，有些有明显的眼状斑点，有些没有明显的眼状斑点。这样，当展现眼状斑点时，一些鸟确实错误地进攻蝴蝶身体后部的区域。总的说来，在面临有一个眼状斑点的蝴蝶时，47只鸟中有9只（19%）攻击了蝴蝶翅膀区域的眼状斑点，而在41只蝴蝶中，只有1只（2%）攻击了蝴蝶翅膀后部没有斑点展现的空白区域。这提醒我们注意，偏转能够发挥作用，而且也许起的作用足以利于鸟选择偏爱这些斑点。但是考虑到过去的研究，也许对其效果并不明显，就丝毫不会觉得奇怪了。有趣的是，当鸟快速攻击时，更有可能发生偏转，而攻击前犹豫的鸟不太可能去攻击斑点。因此，当捕食者迫于时间的压力时，眼状斑点更有可能使鸟的进攻产生偏转。除此之外，对蝴蝶的眼状斑点和偏转进行的多数研究关注于脊椎动物捕食者，但是最近的研究发现了有利证据，那就是螳螂的捕食攻击行为也是针对眼状斑点进行的，这导致有斑点的蝴蝶比没有斑点的蝴蝶有更高比例的逃避行为。因此，在过去研究工作中，可能由于未考虑其他重要的捕食者物种，所以在证明偏转方面出现了困难。

　　蝴蝶偏转假设还有一个更加详细的说法，那就是"假脑袋"的存在。许多蝴蝶，

　　　　　　　　　　6. 虚张声势与出乎意料

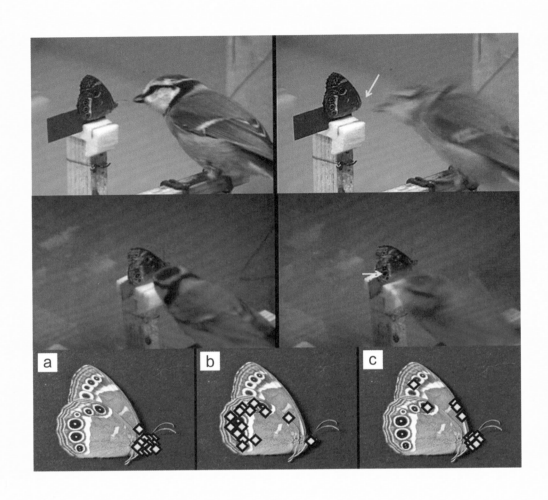

图 49：一个测试眼状斑点偏转功能的实验。这样的调查对眼状斑点进行了评估，考察是否由眼状斑点引发鸟类捕食者去攻击有斑点的翅膀区域。这里，鸟在强光下（上方）会攻击蝴蝶的头部区域，但在紫外线增强的弱光下（鸟可以看见）会攻击翅膀的眼状斑点区域。只有在紫外线增强的弱光条件下，鸟才会攻击斑点（b）；而在有紫外线的强光下或者没有紫外线的弱光下，鸟会攻击蝴蝶的头部（a，c）。

图片来自马丁·欧佛森

尤其是灰蝶科（我们在第1章遇到过，有一些种类欺骗蚂蚁养育它们的幼虫）的蝴蝶，翅膀的后部结构复杂，像是一个"假脑袋"（图50）。人们至少于200年前就发现了这一现象，在1890年普尔东又进一步突出了这一点。有时，这种虚张声势确实令人信服。例如，巧克力皇家蝴蝶（菜灰蝶）是一个漂亮的种类，雄性蝴蝶的翅膀正面是荧光宝蓝色，底面是深巧克力色——褐色。当蝴蝶的翅膀合拢静止不动时，它的翅膀后部就显露出一对银色环绕的黑色斑点，从它的翅膀后面伸出四个薄薄的延长部分，有黑色和白色标记，好像已经进化得伪装成它前面两条腿的结构和

6. 虚张声势与出乎意料

颜色以及蝴蝶的幼虫。一些灰蝶，比如红边蓝（赛灰蝶属）伴随着这些结构体有着明显的行为拟态伪装，它们把翅膀一起前后"剪剪"，使蝴蝶的假腿和触角以逼真的方式移动。一个"假脑袋"的想法使它能够引导捕食者避开对蝴蝶头部区域的攻击，转而攻击蝴蝶的背部。事实上，如果这一想法顺利可行的话，蝴蝶可能会同时飞离，以致捕食者完全错过攻击蝴蝶身体的后端。令人悲哀的是，虽然检验这一现象的时机已经成熟，并且已有欺骗和拟态伪装的精彩潜在例子，但是人们几乎没有直接对此进行过调查。

虽然人们最常探讨的捕食者攻击的偏转问题是关于蝴蝶的，但是人们没有理由将这一研究仅限于蝴蝶这一物种。事实上，鱼、蝌蚪、甲虫和蜥蜴可能也进化出了这种防范行为。例如，一些两栖类蝌蚪有彩色的尾鳍或者黑色标记，这可以保护蝌蚪，让它们避开前来捕食的蜻蜓的幼虫。人们在实验中把蝌蚪的尾部漆上黑色斑点，这导致蜻蜓的幼虫没有攻击蝌蚪的身体，反而去攻击蝌蚪的尾部，这就给蝌蚪增加了逃跑的机会，因为它可以很容易地把尾巴甩掉逃跑。其实，尾部有斑点的蝌蚪从攻击中逃跑的可能性也许比那些尾部没有斑点的蝌蚪高2～3倍。

许多鱼，尤其热带鱼，在身体后部也有黑色的眼状斑点，常常是在背鳍上，这些斑点能够在鱼正准备游走的区域误导捕食者的攻击行为。发生这种情况的实验性检验确实极少见，但是最近的一项研究恰好证实了在感知到捕食风险的基础上，鱼是如何调节眼状斑点的发育的。澳大利亚詹姆斯库克大学的邬纳·朗斯泰德（Oona Lönnstedt）和几个同事研究了发育期的安汶小热带鱼（安邦雀鲷）是如何应对捕食风险而发育眼状斑点的。这些小鱼全身黄色，在它们身体两侧的背鳍上有一个黑色的眼状斑点，斑点由一个白色的圆环环绕。当这些鱼长大成熟时，它们身上的这些斑点就会逐渐退去。团队给小热带鱼展示了任意一种掠食性鱼类的视觉和嗅觉，这种掠食性的鱼可能是一种颜色暗淡的准雀鲷科（棕拟雀鲷）——在第2章我们知道它们是一种常见的小热带鱼的捕食者，生活在印度洋—太平洋区域——或者说它们是一种与掠食性的鱼（一种类似物）形状和大小相似的和善的鱼——或者根本只是没有视觉或者嗅觉的另一种鱼。包括虾虎鱼在内的研究是为了测试另一种不构成威胁的物种发出的信号可能会引起眼状斑点发育发生的任何变化。经过6周的时间，在捕食威胁加重下长大的发育期的小热带鱼与那些处于低感知风险的鱼相比，长出了更大的眼状斑点。当鱼暴露在捕食者面前时，它们也发育出较小的真正的眼睛。这意味着斑点的功能是迷惑捕食者，使其难以辨认鱼的哪一端是头，也许这样可以使捕食者的攻击行为产生偏转。当捕食行为更有可能发生时，鱼的斑点就变得比真正的眼睛更容易被发觉。下一步，团队把鱼释放到一个珊瑚礁上，并通过深水潜水测量它们长久的生存状态（作为一个代用品，观察其应对捕食者的生存状态）。鱼被释放时，与没有暴露在捕食者面前有60%死亡率的鱼相比，原先暴露于捕食者面前的鱼在72 h后只有10%的死亡率。这里隐含着眼状斑点大小的差异和其他行为的变化（例如提高鱼的躲藏和警戒能力），保护了那些鱼，让它们避开自然界的捕食者。因此，在一些动物中，眼状斑点和欺骗性刺激物的确切特征可能会在鱼的发育过程中依据捕食的危险性进行调整。

博伊西州立大学的杰西·巴伯（Jesse Barber）及其同事的研究表明，掠夺性攻击的偏转也会在视觉之外发生。他们研究了月形天蚕蛾在分阶段的捕食遭遇中是如何被蝙蝠捕获的，把这一切用高速红外相机在黑暗中拍摄下来。月形天蚕蛾与它们的一些近亲有精致的"尾巴"，当飞蛾飞行时，尾巴就从它们旋转的后翅伸展开来。巴伯及其团队发现，在超过一半的实验中，蝙蝠受到回波定位的追踪，将攻击转向了这些尾巴。与没有尾巴的飞蛾相比，这显著增加了正常飞蛾逃脱的可能性；蝙蝠捕捉没有尾巴的飞蛾的可能性几乎是有尾巴飞蛾的9倍。巴伯及其同事也证实，长长的后翅尾巴在月形天蚕蛾所属的群体（天蚕蛾科）中独立进化了4次，这提供了强有力的证据，说明捕食者的攻击偏转在视觉特性之外可能很重要。然而，这种防范手段到底是如何发挥作用的还不甚明了。

让咱们继续来探讨蝙蝠和飞蛾，因为它们阐明了猎物能够干预捕食者能力（捕获猎物并完成一次进攻的能力）的另一种方式——声呐干扰。如我们所知，许多飞蛾对蝙蝠产生超声波信号，有时是在警告蝙蝠自己有毒，有时是在惊吓蝙蝠，使其终止进攻。不过它们能够使用的还有另一种方法，那就是直接破坏或者干扰蝙蝠的回波定位设备，防止它们能够精确地把猎物作为目标。隐含在"声呐干扰"背后的观点是，一只昆虫受攻击时能够释放出一阵超声波，这能够破坏蝙蝠处理回声的能力，使蝙蝠无法正确判断自己的叫声，或者造成自己是某种其他种类的误导信息。最有可能采取这一策略的动物又是虎蛾的特定种类。虎蛾以突然释放超声波而闻名。

最初的声呐干扰研究虽然不甚明了，却十分吸引人。首先，研究显示，一些飞蛾在蝙蝠攻击的末期发出了阵阵声音，这是干扰假设会预计到的情况。但是如果这些声音只是起到警报信号的作用，干扰假设就无法预计到，因为警报的声音应当事先进行，以警告蝙蝠这只飞蛾有毒，有必要完全避开它。而且，当蝙蝠面临阵阵突发的声音时，恰恰是在回声应该到达之前，这干预了蝙蝠作出的距离估计，但并不是让蝙蝠停止它们的攻击行为，因为这不是惊吓反应本来期望达到的目的。然后，到20世纪90年代末，人们对蝙蝠在判断时间延误和对物体的距离估计时运行的神经细胞进行了记录，表明飞蛾发出的微小静电干扰声能够干预蝙蝠的这些神经反应。有时，飞蛾微小静电干扰声的干预能够延迟蝙蝠产生神经信号，当这些信号记录的时间正确时，它们通常将给目标编码。所有这一切与蝙蝠的回声定位叫声能够受到恰当记录的声音干扰的理论大体一致，而且飞蛾能够成功地采用这种方法。但是人们很难获得清晰的证据，部分原因是蝙蝠与飞蛾相互作用的速度极快，另外就是这些声音发生于人类观察者的自然听力范围以外。

然而，最近，多亏了美国维克森林大学的亚伦·科克伦（Aaron Corcoran）与他的指导老师威廉·康纳（William Conner）以及同事，一些清晰的证据已经被找到。康纳的实验室有条件来检验这一理论，它们把一些蝙蝠放入一个"蝙蝠洞穴"，蝙蝠面前有一些飞蛾。这是一个黑暗的房间，墙的两边排列有声控泡沫，以遮蔽其他地方的声音。这个团队还利用红外线高速摄影机，这样他们除了记录蝙蝠和飞蛾发出的声音外，还能够在一片漆黑中细致地拍摄蝙蝠的行为以及它们是如何接近并攻击飞蛾的（图51）。他们的第一项研究证实，飞蛾的一个种类——无刺蜂能够有效干扰冠蝙蝠（大棕蝠）回波定位的叫声。无刺蜂是一种来自美国西南方的虎蛾，这种飞蛾很漂亮，有着银褐色的身体和翅膀，翅膀的边缘有细细的红线和橘色斑块，这些斑块在每只翅膀的边缘沿着两个黄色斑点而生，看起来好像它们能够作为破坏性伪装发挥作用。这种飞蛾没有

图 51：一只汤森大耳朵蝙蝠（大耳蝠）攻击无刺蜂属飞蛾。

图片来自亚伦·科克伦

毒，一旦有机会，蝙蝠很乐于享受这类美食。个别飞蛾在名为鼓室的胸部也有发声器官，我们曾在第5章提到过。它们用肌肉使鼓室变形，产生阵阵超声波。在实验中，人们把飞蛾拴到一根线上，从房间中部的天花板上吊下来（防止它们落地或者飞走），然后让蝙蝠在7个夜晚搜寻飞蛾。鉴于惊吓展示的目的，我们可以预测到，蝙蝠会相对快地习惯飞蛾的声音。即使蝙蝠因其直接干预回声定位叫声的方式而对飞蛾拟态伪装有应对经验，声呐干扰仍旧会在很大程度上发挥作用。与我们的预测一致的是，与没有受到微小静电干扰声控制的飞蛾种类相比，蝙蝠竞相捕捉虎蛾，而且它们在时间和经验上都没有提高。此外，蝙蝠看来似乎试图调整它们回声定位叫声的时间和频率，以减小来自飞蛾微小静电干扰声的干预。最后的证据是，当团队破坏了飞蛾的鼓室，以致它们无法再发出声音时，蝙蝠就能毫不费力地攻击并吃掉这些飞蛾。

6. 虚张声势与出乎意料

接着，通过对实验室中的冠蝙蝠和无刺蜂进一步做实验，团队将注意力转向了声呐干扰发挥作用的原因。蝙蝠攻击飞蛾时又一次表现得很糟糕，一直到第7个夜晚结束时，它们只有1/3的时间抓住了飞蛾。然而，没有证据显示，蝙蝠对没有飞蛾的完全不同的位置进行了错误攻击；也就是说，没有证据显示飞蛾的微小静电干扰声发出了误导信息，以至于蝙蝠会以为飞蛾在其他地方。相反，蝙蝠常常攻击发现飞蛾的那个大致区域，但是却错过了它们的精确定位，有时距离偏差大约为15 cm，有时更大。这与飞蛾的微小静电干扰声干预蝙蝠对距离的估计一致，就如同神经生物学研究多年前提出的观点一样。所以，飞蛾的声呐干扰好像是通过欺骗蝙蝠有关飞蛾的精确位置而发挥了作用，不过目前还不清楚它对蝙蝠影响的广泛性如何。但是初步的研究证实，人们可能在各种虎蛾种类中发现了这一策略，而且它可能也发生在其他地区。在一些方面，声呐干扰有些像我们在第4章探讨的运动眩晕策略的观点，因为两者都干预了捕食者精确查找一个猎物的位置并捕获它的能力。两种策略好像破坏了捕获者的感觉系统（视觉或者听觉），使其无法精确地对一个物体的位置进行编码。

我们将以猎物采用的另一种欺骗捕食者的虚张声势和分散其注意力的行为来结束本章。属于不同科的各种鸟采取分散注意力的行为，包括所谓折断翅膀的展示。例如，当面临一个侵入的捕食者时，一只筑巢的鸟会惹人注目地举起一只无力的翅膀逃跑，营造出一只翅膀折断或受伤的印象。如果此举成功的话，捕食者会追逐这只鸟，认为这顿美餐唾手可得。捕食者会逐渐被引得越来越远离鸟巢。这只毫发无损的鸟到达一个安全距离时，就会逃脱掉，重新飞回鸟巢。这种展示在地面筑巢的物种中最常见，包括许多像千鸟之类的岸禽类，当它们面对像狐狸这样的哺乳动物捕食者时，就会进行这种展示。不同的物种采取的行为形式各异，甚至在同一物种的不同个体之间也有差异。一些鸟伴随着这种展示会在飞行中有古怪的企图，好像它们在拼命地试图逃脱。而另一些则是像啮齿动物一样蜷缩着逃跑，甚至时不时地发出"吱吱"声（尽管还不清楚它们到底为何这么做，而不是假装受伤）。

作为一种策略，虽然分散捕食者注意力背后的假设是捕食者必定有能力了解这种展示，并（错误地）理解这只鸟将是一顿轻而易举便可获得的美餐，但是鉴于许多捕食者专门以受伤的动物为目标作为自己唾手可得的猎物，这一假设也并非不切实际。当然，至少对于人类而言，这些展示可能令人信服，而且对于发生的情况，让人难以想到其他解释。这不同于鸟的思维，也许鸟只是为了使自己更为显眼，把捕食者对鸟巢的注意力移开，并没有站在捕食者的立场想到会使自己受到捕获或者伤害。有趣的是，一些进行这些展示行为的鸟好像也会根据威胁的不同程度，调整这些展示行为的方式。例如，如果捕食者对它们失去兴趣或者离开了，一只有鸟蛋或者幼鸟的鸟就会停止这种展示，而且如果捕食者沿着（鸟设定的飞行）轨迹行走，这种轨迹将会带领捕食者在一个安全距离内经过鸟巢，鸟巢会安然无恙，鸟就根本不会有麻烦。这一切又一次证明，鸟的这种行为动机是将捕食者带离鸟巢，以保护自己的幼鸟或者鸟蛋。然而，鸟的这种行为并不是每次都能成功，因为也有一些关于鸟本身进行展示行为的被捕食者捕捉并吃掉的记载，所以这种防范行为有一定的风险。

所以，是什么因素导致鸟的注意力分散展示行为得以进化？在第一个例子中，捕食者发现鸟巢的环境相对而言是需要开放的，这样鸟能够看到从远处来的捕食者并及时飞离。如果鸟飞离鸟巢太晚，那么它离开鸟巢的行为恰恰能够给捕食者提供鸟巢确切位置的有价值的线索。此外，鸟需要好好伪装并掩藏鸟巢、鸟蛋和幼鸟，以避开捕食者。如若不然，它的展示将没有什么价值，原因在于捕食者无论如何都会很容易地找到鸟巢，并且主要的捕食者应当是哺乳动物或者爬行动物，并非鸟类。因为爬行动物和哺乳动物将会从鸟巢所在区域一个有限视角的一边接近鸟巢，但是空中的捕食者会从远处对鸟巢所在的区域有一个很好的视角。除了这一切之外，涉及注意力分散展示的方面遗憾的是，虽然关于它们有许多趣闻记载，但是几乎没有合适的实验性研究。这是有待于研究的另一个课题。

一种与鸟的这种展示行为有些相似但更为极端的防范手段是假装受伤行为，常被称为强直静止。这里这一现象又一次在很大程度上成为趣闻，只有有限的实验数据显示，一些动物包括鸟类、哺乳动物、两栖动物和爬行动物，一旦被捕食者抓住，将会冻结（僵硬不动）。例如，当鸡被捕获或者被击打时，尤其被盯视或者被逼入绝境时，常常会显示出这种行为。一些昆虫和其他无脊椎动物也表现出强直静止的行为。在极端情况下，这种行为将自身显露为伴死：这只动物貌似假装要死了，包括舌头突出、眼睛膨大。负鼠就会这么做，它侧身而卧，等待着危险过去。

虽然最初它装死而没有试图逃跑，似乎是个奇怪的想法，但是好像有很好的理由解释其原因。人们所做的有限研究揭示，当捕食者面临假死的动物时，会比面临这只动物继续移动时更有可能过早地停止攻击，部分原因在于一只挣扎的猎物常常好像增强了许多捕食者的攻击行为，比如正在攻击鸟类的家猫。然而，这个未能将这种假装受伤行为解释得通。有人可能会争辩说，这只猎物只是受到极大的惊吓才无法动弹的，但是这并非一个令人满意的回答，而且捕食者将猎物丢弃一边置之不理的事实说明，那是一种适应性反应。有两种主要的可能性揭示了这种假装受伤行为：第一，如果在一个地区有许多猎物，那么捕食者就会很快杀死一只动物，得到报偿，然后将之暂时搁置一边，接着去追逐更多的奖励。一旦猎物被制服，这种情况就会发生，所以当猎物未受伤害时，它静止不动相对就会引得捕食者很快对其置之不理。50多年了，一些证据显示出鸭子能够通过静止不动逃过狐狸的攻击，尤其可以躲过相对幼稚的狐狸。第二，许多捕食者想吃新鲜食物，搁置太久的肉可能染上疾病或者腐烂，或者尝起来比较糟糕，因此有必要避开。所以猎物能够欺骗一只捕食者，让捕食者认为它已经死了，从而对它置之不理。这对一只刚被抓住的只是静止不动的动物不太可能奏效，但是对于那些在捕食者刚开始靠近，还没有进行攻击时就很快装死的动物而言，是可行的。

在本章结尾，我们来总结一下猎物欺骗捕食者的不同方式。如同我们已经看到的，这些方法可能是高度多样化的，并且通过许多不同的机制发挥作用。伪装和贝茨氏拟态首先防止捕食者进行攻击。至于伪装，它或者预防猎物被发现，或者使得捕食者将猎物错误地分类为环境中某种其他乏味的东西，比如一片枯叶。这些防御系统不只是要求猎物特定的着色方面发挥作用，而且还时常涉及猎物的行为适应性，甚至也涉及猎物改变颜色的能力。通过引发捕食者把猎物识别成错误的物种，贝茨氏拟态也发挥了作用。然而，在这个例子中，对于捕食者而言，被伪装的物种并非很乏味，而是某种要完全避开的生物（例如黄蜂）。然而，这些防御系统时常没有发挥作用，捕食者仍旧会发动攻击。为了与捕食者战斗，无数的物种进化了次级防御系统，这些系统要么阻止了攻击的发生，像惊吓展示；要么阻止了攻击的成功，像产生偏转的标记、声呐干预和使人眩晕的特征中，情况往往如此。次级防御系统能够迷惑捕食者，使其惊讶，或者使其负荷过多的感觉信息，以至于猎物能够逃脱，或者误导捕食者在错误的位置上进行攻击。作为一种选择，猎物的防御系统能够直接误导捕食者跟随一个有缺陷的策略（例如试图捕获一只看似受伤但实际上很健康的鸟）甚至暗示捕食者，捕食者自身可能处于危险之中，眼状斑点就是这种情况。这些各式各样的方法已经导致多个动物物种在外表和行为上有惊人的多样性，有时甚至导致同一物种内部的个体在外表上出现差异。除此之外，虽然我们对动物防御系统的了解大多来自视觉和着色，但是一系列研究表明，动物的许多类似防御系统也存在于其他感官形式中，尤其是声音和听力。

6. 虚张声势与出乎意料

鸟巢里的骗子 | 7

早在2010年，我有幸去看望日本立教大学的同事田中启太（Keita Tanaka），看见了一只住在日本标志性山峰富士山的山坡上的鸟。这座山看起来像是一座完美的火山——一个清晰的圆锥体高耸入云，山顶常年覆盖着积雪。在山下，日本的夏季炎热、潮湿，但是在2 000 m处的地方，田中启太发现了他所要研究的物种，那里的空气凉爽、清新。茂密、幽暗的森林覆盖着大部分山体，山坡陡峭，因火山土和岩石松动而难以攀爬。我们正在寻找红胁蓝尾鸲的鸟巢，这是一种漂亮的蓝色鸟，它的巢穴隐藏在悬崖上的泥土里和草木下。不过，我们寻找的不是蓝尾鸲的幼鸟，而是一种有时能在蓝尾鸲的鸟巢里找到的冒名顶替者——棕腹杜鹃鸟。经过几天的辛苦寻找，我们终于找到了一直在搜寻的鸟——一只杜鹃幼鸟。在我们给这只幼鸟称体重、拍照、测量期间，它静坐不动。在把它放回鸟巢之前，我们看了一眼翅膀下面的部位，那是它十分特别的原因。它的翅膀下面呈鲜艳的黄色，在黑暗的环境中几乎闪亮发光，完全不同于人们已知的其他鸟的翅膀。

几年前，田中启太和他的同事完美地证实了棕腹杜鹃鸟的幼鸟翅膀上拥有黄色斑块的原因。杜鹃鸟是一种巢内寄生体，雌鸟将它唯一的蛋放置在另一个物种的巢里进行孵化，这样那些寄主父母或者养父母就会代替杜鹃鸟养育杜鹃幼鸟。当杜鹃鸟的幼鸟孵化出来后，它就会把寄主父母的幼鸟从巢穴里赶走（"驱逐"），以此来独占寄主父母的关爱。至少那是它的想法，但事实上事情也不是那么简单的，因为当寄主父母仅饲养巢里的一只而非一整窝幼鸟时，它们带回来的食物常常会少一些，其中的原因很简单：如果只需要喂养一只幼鸟的话，带回来足以喂养三四只幼鸟的食物毫无意义，父母还是最好为将来潜在的孵化任务或者其他任务省些力气。对于杜鹃鸟的幼鸟而言，这就产生了一个问题：通常它比寄主父母的幼鸟体态大，因而需要更多的食物。而且杜鹃鸟与这对父母根本没有关系（完全是不同的物种），所以它要试着操纵寄主父母，使它们尽可能带来更多的食物。即使许多鸟的幼鸟试图从它们的父母那里获得更多的关爱，但是它们常常并不完全是自私的，因为它们与眼前的"兄弟姐妹"和潜在的未来同窝鸟（它们的父母将来会孵化出来的鸟）共有许多基因。这意味着应该有一个时间点，当一只幼鸟得到充分喂养时，从进化的角度看，它应当停止乞讨并"允许"父母将找到的食物分配给它的"兄弟姐妹"，因为这只幼鸟将以这种方式把它更多的基因传下去。田中启太的研究显示，当寄主父母把食物带给一只棕腹杜鹃鸟的幼鸟时，它抬起一只翅膀晃了晃，那块鲜黄色的翅膀斑块大放异彩（图52）。如同你们可能已经猜到的那样，这看起来有些像一只饥饿幼鸟的黄色嘴巴（不可否认，并不是特别相似，但是请记住，那个鸟巢和栖息地非常昏暗）。田中启太表明，重要的一点是棕腹杜鹃鸟的幼鸟的外表确实哄骗了其寄主父母；当研究者将杜鹃鸟的幼鸟的黄色翅膀斑块涂成黑色（与翅膀的其他部分一样）后，寄主给它带来的食物比给未改变翅膀斑块颜色的幼鸟或者那些翅膀被涂上透明颜色的幼鸟要少一些。寄生父母有时候甚至试图把食物放入幼鸟的翅膀斑块里而不是嘴里。

许多物种花费了大量功夫在自然界繁殖，所以它们便利用各种技巧，使其付出的代价最小化，并将代价转给其他物种。本章和第8章探讨的是有关欺骗行为如何应用于繁殖过程以及如何进行的。鸟的王国里充满着相似的欺骗行为，棕腹杜鹃鸟精彩的欺骗诡计只是沧海一粟。事实上，在大约1万种鸟类中，有1%（或者100种物种）是巢内寄生体，它们利用其他物种来养育自己的幼鸟。除了南极洲，每一个大洲都发现有这种情况，而且这种特殊的生活方式好像已经独立进化了7次。人们常常用"杜鹃鸟"这个词

图 52：日本棕腹杜鹃鸟。
当寄主父母来喂养它时，它
抬起翅膀上的一块鲜黄色斑
块，以引诱寄主父母给它带
来更多的食物。

左图来自马丁·史蒂文斯
右图来自田中启太

作为巢内寄生体的同义词，但是严格说来，这并不正确，因为杜鹃鸟是一种特殊的鸟类，其中一些是寄生体，但另一些并非寄生体。事实上，大约60％的杜鹃鸟物种养育自己的幼鸟。除此之外，有些寄生体并不是杜鹃鸟物种。巢内寄生体包括的鸟类范围很广，包括北美产的燕八哥（5个物种），几种欧洲、亚洲、非洲和大洋洲的杜鹃鸟种群（57个物种），一些响蜜䴕（17个物种）和非洲的寄生雀科鸣鸟（20个物种），甚至南美鸭（黑头鸭）（1个物种）。它们与自己寄主的交流方式也各异，一些巢内寄生体只把一两种物种作为目标寄主；反之，其他巢内寄生体常常利用多种寄主物种，而且它们针对每一种物种都非常专业。如同我们在这一章将会发现的，巢内寄生体想出了多种欺骗性技巧来实现自己的目标。除了鸟之外，在其他动物中也存在着让另一个物种养育自己后代的行为，尤其发生在昆虫中。我们已经遇到了蝴蝶欺骗蚂蚁去照看它们的毛毛虫的例子（见第1章），还有各种群居昆虫采用相似的方法进行繁殖的例子。如同我们将要讨论的，它们实现这一点的方式有时与它们的鸟类寄生体类似。

　　要理解一个物种进化为一种巢内寄生体的原因并不难；养育幼鸟既花费时间，又涉及像修建鸟巢、给幼鸟带来食物，以及保护它们使它们免受威胁这样的大量投入。鸟类的亲代抚育涉及许多任务，例如日益繁重的觅食工作，这也使成年的鸟暴露于日益增强的捕食危险中。因而让其他鸟来做所有这些繁重的工作完全讲得通，而且，因为某种原因，鸟在一个单繁殖期能够照看的蛋的数量是受到限制的，例如，受到鸟巢大小的限制，或者实际能够孵化的蛋的数量限制。另外，寄生的物种"只"需要找到足够多的寄主鸟巢，把它们的蛋生到那里离开即可。

　　20世纪20年代，一位富商兼鸟类学家埃德加·钱斯（Edgar Chance）的早期研究工作证实了这一事实：普通的雌性杜鹃鸟（大杜鹃鸟）直接把它们的蛋生在寄主的鸟巢，而不是如同人们曾经认为的那样，在地面生了蛋之后再将其放入鸟巢。钱斯在英国花费了大量时间暗中观察杜鹃鸟，甚至在1922年制作了一部开拓性的关于杜鹃鸟的自然史电影。钱斯还指出，不同寻常的是，一些雌性杜鹃鸟能够在一个单繁殖期产下25个或者更多的蛋。杜鹃鸟把每一个蛋都生在一个不同的鸟巢里，那就意味着，即使一些在寄主鸟巢中的幼鸟因天气或者捕食失败而夭折了，但是至少一些其他地方的幼鸟可以生存下来。因此，寄生现象听起来像是一个极佳策略——这一策略涉及以最小的付出得到最大的产出。那么为什么巢内寄生体不太常见？原因有很多，其中之一是：许多寄主父母会予以反击，不会只是被动地接受巢里的外来幼鸟。对于寄主父母而言，孵化像普通的杜鹃鸟这样的巢内寄生体代价常常十分昂贵，因为这要求寄主父母消耗大量的精力养育一只外来的幼鸟，更不要提在这一过程中许多巢内寄生体会杀死寄主父母大部分或者全部的幼鸟了。所以，寄生体通常会遭到许多寄主父母的反击（但也并非总是如此）。为什么寄生体不太常见，还有另一个原因：它们比非寄生体物种更容易灭绝。对杜鹃鸟进化路径的研究发现，巢内寄生体比那些有父母照料的鸟能更快地形成新物种。如果新的巢内寄生体利用新的寄主，当它以没有防御能力的幼小物种为目标时，这也许反映了巢内寄生体最初强大的优势。然而，这种情形的另一面是，当寄生的物种越来越老练时，它们的寄主也是如此。如果寄主的防范力越来越强，那么寄生体就没有能力再成功地利用它的寄主，最终会走向灭亡，因为它也无法养育自己的幼鸟了。因此，目前巢内寄生体的数量可能部分地反映物种高度进化与灭绝之间的平衡。

许多关于巢内寄生体的研究，一个主要特点是关注巢内寄生体及其寄主的进化竞赛。让我们来想象一个场景：一种杜鹃鸟开始在一个以前从未利用过的新寄主的巢穴里产蛋。最初，寄主因为过去没有受过寄生现象的伤害，对杜鹃鸟一无所知，也不会提防外来的蛋。这样，寄生体就占了便宜。然而，随着时间的推移，寄主会逐渐会进化出对杜鹃鸟的防御能力，最常见的一种能力就是它能识别出巢里的寄生蛋，并把它扔出去（排斥它）。接着，这种选择会促使杜鹃鸟进化，模仿寄主产出在颜色和图案上更能伪装的蛋，以防被寄主发现，这会导致寄主随后采取进一步防范措施（诸如微妙的排斥行为）等。这种交互行为被称为共同进化，因为它涉及一种物种的变化带来每一方（杜鹃鸟和寄主）的互惠变化。虽然共同进化并非存在于所有寄生体和寄主的交互行为中，但它可能是自然界生成多元化时一个极其强大的过程。

寄生体不仅需要把自己的蛋放入鸟巢，还需要由寄主养育。所以寄生体的工作就有两重性。首先，它必须避免寄主可能会采取的任何防范行为，以便于它们的蛋能够被接受。然后，幼鸟应当尽可能获得寄主父母更多的关爱，以便身体长得又快又大。行为生态学（研究行为的成本与收益及其进化的方式）领域的两位先驱理查德·道金斯（Richard Dawkins）和约翰·克雷布斯称这些阶段为欺骗和剥削。这两个过程对巢内寄生体利用欺骗行为剥削寄主的方式极为重要，事实上，这两个过程也是寄主能够反击的方式，所以值得我们依次对这两个过程进行思考。

在所有巢内寄生体的研究中，人们研究的最多是普通杜鹃鸟，尤其是欧洲种群（图53）。我们许多人会把杜鹃鸟的叫声与春天和初夏联系在一起，因为那时许多杜鹃鸟从非洲迁徙到欧洲进行繁殖。普通杜鹃鸟常常利用欧洲的十多个寄主（很难有确切的数目），原因在于它们利用某些寄主多于另外一些寄主。在英国，所有寄主中最重要的寄主是欧洲的知更鸟、篱雀、草地鹨、斑鹟鸰和苇莺。几十年来，行为生态学的另一位先驱尼克·戴维斯和他牛津大学的同事们一直在研究英国普通杜鹃鸟。他们的研究揭示出许多关于寄生体利用寄主以及寄主进行反击的方式。戴维斯的主要研究区域是剑桥郡的

维肯滩地，那是块极为平坦的田园般的滩地，有小河道和许多苇丛河滩供苇莺筑巢。全身暗棕灰色的苇莺可能不是世界上最令人着迷的鸟，但是它们进化出了一系列防御杜鹃鸟的策略；反过来，杜鹃鸟也有许多策略避开这些防御。首先，杜鹃鸟神出鬼没，它们潜伏在附近的树上，观察周围的区域，评估目标鸟巢。这有助于它们根据寄主的蛋来估计自己生蛋的时间，隐蔽性也减少了寄主可能发现它们的机会。这一点很关键，因为包括苇莺在内的寄主父母如果最近看到过一只杜鹃鸟，或者当它们在种群里感到寄生体的整体风险更高时（例如，当周围有更多的杜鹃鸟时），它们更有可能会加强对杜鹃鸟的防范。

　　杜鹃鸟一旦决定在选定的鸟巢里下蛋，它就会猛冲下来，将寄主的一个蛋扔出去，很快用自己的蛋代替（只花费10 s或者1 ~ 2 min的时间），然后直接飞走，它的工作也就完成了。但是杜鹃鸟常常会当场被寄主逮住，然后

图53：普通杜鹃鸟（大杜鹃鸟）。它是巢内寄生体中人们研究最为广泛的鸟之一。这是在苇莺巢里发现的一个杜鹃鸟蛋（大的那个）。杜鹃鸟的幼鸟被先孵化出来，然后把所有寄主的蛋赶出鸟巢。随着杜鹃鸟慢慢长大，它常常比寄主甚至成年寄主的体型还大，所以会吵吵闹闹地要食物。

图片来自尼克·戴维斯

双方大战一场，寄主试图将杜鹃鸟赶走。戴维斯和贾斯廷·韦尔伯根证实，苇莺会辨别不同类型的威胁，并相应调整自己的行为。通过向筑巢的苇莺父母展示鸟模型，他们发现，苇莺更有可能对杜鹃鸟进行身体攻击并发出警报信号，而不是对雀鹰或者没有威胁的鸟（水鸭）采取措施。这种行为也引得临近的鸟加入，当寄主察觉到寄生状态的可能性或者危险性更高时，它们的反应就会更大。寄主的反应各不相同，这自有其道理，因为杜鹃鸟对寄主的繁殖是一种威胁，但是对成年的寄主自身没有威胁，所以苇莺应当将它们撵走。与之相反，水鸭构不成什么威胁，所以寄主可以对它视而不见，但是雀鹰是一种应当避开的危险捕食者。

杜鹃鸟确实好像利用了这一事实：许多寄主父母避免围攻雀鹰，因此它们会通过伪装而绕过寄主父母的防御。华莱士早在1867年且后来在他1889年的经典之作《达尔文主义》中就提出，一些杜鹃鸟伪装成鹰这样的猛禽。不难看出他为什么坚持这一观点，因为包括普通杜鹃鸟在内的许多杜鹃鸟有像鹰一样特有的条纹状的胸部羽毛、瘦长的身体和鲜艳的黄色眼睛，甚至还具有飞行的鹰的外表。事实上，在亚里士多德时代，人们有时认为，杜鹃鸟在冬季从欧洲消失（那时它们迁徙到非洲去了）的原因是它们转变成了鹰，但是亚里士多德对这一观点不屑一顾，因为杜鹃鸟没有爪子和钩状喙。

戴维斯和韦尔伯根检验了杜鹃鸟伪装成鹰的想法，又一次使用有不同外形的鸟模型。在第一个例子中，他们在喂食台旁边给蓝冠山雀和大山雀展示了杜鹃鸟、雀鹰、鸽子和水鸭模型。如果杜鹃鸟确实伪装了鹰，那么山雀应当对杜鹃鸟和鹰显示出相似的警报和回避行为。这正是他们发现的结果：这些来摄取食物的鸟对水鸭没有显露出什么反应，但是在同时面对鹰和杜鹃鸟时，它们出现了诸如头上的羽毛直立、发出警报信号这样的行为，并且减少了对喂养者的注意。然后，戴维斯和韦尔伯根用几块丝巾包住模型下部的边，操纵模型的外表。为了去掉鸟身上的条纹，它们给杜鹃鸟和鹰的胸部加上了普通的白色丝绸；为了给鸽子加上条纹，他们用毡尖笔在丝绸上画上黑线做记号。现在，与身上有条纹的鸟相比，山雀减少了避开身上没有条纹的鸟的次数。然而，其中的部分原因在于模型的物种。最初，给鸽子身上画上条纹还算有效，但是山雀很快学会对之不予理睬；反之，把鹰身上的条纹去掉就没有什么效果。然而，给杜鹃鸟身上画上条纹后效果更为明显。原来，山雀把身上有条纹的杜鹃鸟当作鹰来对待，而把没有条纹的杜鹃鸟当作鸽子来对待。

　　杜鹃鸟对大山雀或者蓝冠山雀都构不成威胁，因为两者都没有被利用为寄主，它们对杜鹃鸟也不熟悉。因此，除了是山雀把杜鹃鸟归为鹰之外，很难用其他任何方式来解释这项研究给杜鹃鸟画上条纹是这种欺骗行为的一个重要组成部分。不过这没有给我们显示出真实的杜鹃鸟寄主是如何作出反应的，或者拟态伪装成鹰是否给杜鹃鸟提供了更多的接近鸟巢的机会。为了回答这个问题，韦尔伯根和戴维斯给沼泽里的苇莺展现了画有条纹羽毛的杜鹃鸟和鹰的模型。像山雀一样，苇莺倾向于避开鹰，在很大程度上对鸽子视而不见，但是却围攻杜鹃鸟。这再次显示出给杜鹃鸟的身上画上条纹的重要性，因为与身上没有条纹的杜鹃鸟相比，苇莺更加远离画有条纹的杜鹃鸟，而且它们围攻身上没有画条纹的杜鹃鸟的程度比围攻身上画有条纹的杜鹃鸟的程度更激烈。所有这一切应当意味着，真正的杜鹃鸟能够通过欺骗行为获得接近寄主巢穴的额外机会。

　　对于许多巢内寄生体而言，绕过最初的寄主防御仅仅是个开始，因为寄主常常有后续的多条安全防线。寄生蛋一旦进入鸟巢，许多寄主可以通过扔出去或者飞速带离的方式将其处理掉，从而将其拒之门外。寄主的排斥行为有两个重要组成部分：第一，寄主必须能够分辨出自己的蛋与寄生的蛋在颜色和图案上的差异；第二，寄主必须能够辨别哪些蛋是属于哪个的（我们很快会谈及第二个组成部分）。为了应对这一点，寄生体应当伪装为寄主的蛋。20世纪80年代，在有关杜鹃鸟的一些早期研究中，尼克·戴维斯和迈克·布鲁克（Mike Brooke）组成团队，证实许多常见的杜鹃鸟寄主物种确实会基于各种蛋的外表进行辨别，而且这促使杜鹃鸟进行拟态伪装。普通杜鹃鸟似乎显示出明显拟态伪装了它们利用的许多寄主物种的蛋。杜鹃鸟能够这样做，是因为不同的雌性杜鹃鸟个体专攻寄主的一个物种，如此这般，普通杜鹃可以被分为一系列寄主种族，常常被称为"有机体种群"。

　　布鲁克和戴维斯分析了英国的博物馆中收藏的杜鹃鸟蛋的外观，并对这些蛋的斑点、亮度和颜色进行评分，确定最常见的寄生族的蛋确实在外观上有所差别。然后他们让10位同事把挑出来的杜鹃鸟蛋与基于外观从4种不同寄主（苇莺、草地鹨、鹡鸰和大苇莺）中挑出的蛋相匹配。通常，受试者都能够精确地做到这一点。最后，也许最重要的是，布鲁克和戴维斯用涂有不同颜色和图案的树脂制作了杜鹃鸟蛋模型（其中的许多蛋像不同的杜鹃鸟寄生族的蛋），并把它们放入寄主的巢穴（图54），然后，他们记录了3天内寄主排斥哪些蛋，以及寄主接受了哪些蛋。正如预测的那样，大部分寄主更有可能接受与自己寄生族杜鹃鸟的蛋相似的蛋，这表明在欺骗寄主时，杜鹃鸟对目标物种的拟态伪装确实起到了作用。篱雀是个主要的例外，因为实际上它们接受了所有的蛋，甚至一些外观极为反常的蛋（例如黑色的蛋）。戴维斯和布鲁克最终用模型蛋检测了24种鸟类，结果显示，当杜鹃鸟有看似不错的蛋的拟态伪装时，寄主物种倾向于显示出较强的排斥行为。他们也发现，不合适的寄主（比如那些给杜鹃鸟的幼鸟喂养不合适的食物导致其寄生不成功的寄主）并不排斥拟态伪装的蛋。此外，那些生活在冰岛极少碰到杜鹃鸟的鸟群，诸如草地鹨和白鹡鸰，比生活在英国且被杜鹃鸟定位为目标的相同物种的种群显示出更少的排斥行为。

戴维斯和布鲁克的实验开创了蛋的拟态伪装和排斥行为的实验性研究，为证实寄主的防御行为如何在杜鹃鸟蛋的拟态伪装中进行挑选提供了重要依据。然而，他们的研究确实有一些缺陷，最显而易见的是他们运用人的视觉系统去评价蛋的外观和拟态伪装并对模型蛋进行创造。如同我们现在所了解的，鸟类与人类的视觉系统有些许不同，其中最有可能的一点是鸟类分辨颜色的能力要强于人类。自从戴维斯和布鲁克做了最初的研究，我们在从其他动物的知觉去理解动物的着色上已经有了很大进步。这包括动物视觉的各种模型，科学家现在就是用这些模型来推测其他物种看世界的方式的。前些年，有几个研究都曾使用这样的方法来证明，从鸟的视觉看，杜鹃鸟的蛋常常与它们寄主的蛋十分接近，而且寄主的排斥行为确实受到寄主的蛋与外来的蛋之间颜色差异程度的驱使。

剑桥大学动物学系以戴维斯、布鲁克和许多其他学者对杜鹃鸟的研究而闻名，我能在那里工作多年也是幸运之事，包括花费时间研究杜鹃鸟。玛丽·凯西·斯托达德（Mary Cassie Stoddard，当时是一位博士生）和我决定通过鸟的眼睛探讨普通杜鹃鸟的蛋与其寄主的蛋的匹配度到底有多大的问题。为了做好这项研究工作，我们测量了英

图 54：涂色的模型蛋。戴维斯和布鲁克的开拓性研究工作显示，许多（但并非所有）寄主排斥未进行拟态伪装的蛋。这只是许多许多研究巢内寄生体的实验之一，调查寄主鸟是否会以及何时会排斥外来的蛋。左图：左侧一列是普通杜鹃鸟 4 种寄主的蛋：篱雀、苇莺、草地鹨和大苇莺；中间一列为杜鹃鸟寄主相应的蛋；右侧一列是戴维斯和布鲁克制作的人造蛋。右图：在一个苇莺巢里与苇莺的蛋（较大的那一个）相似的人造蛋。

左图来自尼克·戴维斯和迈克·布鲁克

右图来自尼克·戴维斯

图 55：普通杜鹃鸟寄生族的拟态伪装。下面一行的蛋属于寄生族使用的一些最普通的蛋（从左到右：大苇莺、红背伯劳、苇莺、篱雀、燕雀、园莺、草地鹨、鹡鸰）。上面一行是相应的杜鹃鸟寄生族的蛋。通常，拟态伪装往往从好到完美，但是也有一些明显的例外，比如篱雀。

图片来自玛丽·凯西·斯托达德，伦敦国家历史博物馆信托公司（版权所有）

国特陵地区自然历史博物馆里不同的鸟蛋。这个博物馆有几百个鸟蛋，大概是世界上鸟蛋收藏量最多的博物馆，包括大量之前被杜鹃鸟寄生过的鸟蛋（图55）。通过测量这些蛋的着色，我们能够推测鸟的眼里用于颜色识别的受体细胞是如何对不同蛋的颜色作出反应的，就像我们在果园螳螂的研究中遇到的蜜蜂视线的模式一样（见第2章）。通过这一实验，我们能够依据鸟的视觉系统，通过不同的杜鹃鸟寄生族来比较寄主蛋的拟态伪装。凯西和我发现，杜鹃鸟寄生族的拟态伪装常常很棒，包括在紫外线范围内，这是鸟能够看见而我们无法看见的。而且，更有可能的是，排斥外来蛋的寄主相应地促使杜鹃鸟寄生族进化出了更为复杂的颜色拟态伪装，以试图击败非常有识别力的寄主。当我们用数字图像来显示蛋上的实际图案和斑纹时，也发现了相似的结果：有强烈排斥外来蛋行为的寄主面对的是有较好的拟态伪装图案的杜鹃鸟。例如，燕雀显示出极为强烈的排斥行为，结果就面对这样一种杜鹃鸟寄生族：它们的蛋几乎能完美地匹配燕雀的蛋的图案。与此相反，草地鹨并不是坚决的排斥者，因此拟态伪装者杜鹃鸟的蛋与它们的蛋的图案并不接近。这就告诉我们，伪装者并不总是需要做到完美，但是与之相反，伪装者的欺骗程度常常由被欺骗的物种（寄主）强加的选择压力

7. 鸟巢里的骗子

所决定。假定在某种情况下，当寄主变得具有很强的识别力时，杜鹃鸟应当转而去利用一个新的更为弱势的寄主，以从中受益。这种情况是如何发生的以及何时发生的还不得而知，因为我们不太清楚由寄主养育的雌杜鹃鸟的幼鸟在以后的生活中是如何选择同一寄主的机制，以及这些机制确定的程度。

这项研究和最近其他的研究支持了戴维斯和布鲁克有创造力的实验，同时也可能说明了鸟会如何看待寄生族物种的蛋和自己的蛋。然而，仍旧缺失的是用实验方法研究寄主父母到底如何识别杜鹃鸟的蛋和自己的蛋，以及它们在识别蛋时选择使用了蛋的外观的哪些具体方面。幸运的是，如同我已经提及的，剑桥大学研究巢内寄生体的人很多，包括克莱尔·斯波蒂斯伍德（Claire Spottiswoode）。克莱尔是研究非洲鸟类学的专家和出色的野外工作者，她对鸟类有深入的了解，深谙如何在极其难开展工作的非洲某些地区进行研究。她在赞比亚建立了一个野外调查场所，在那里发现了巢内寄生体的许多物种，其中一种是非洲杜鹃鸟雀类（寄生织布鸟）。那是一种黄褐色的鸟，有时可以看到它们群居而生。克莱尔以前一直在研究杜鹃鸟雀类及其一些主要的寄主，她对许多物种有极为多样的颜色和图案这一现象很感兴趣。侧翼为黄褐色的褐头鹪莺是一种最常见的寄主，它们的蛋都是漂亮的彩色蛋，但每只雌鸟总是产同一种蛋，不是红色、橄榄色、蓝色就是白色，蛋上还覆盖有许多斑点和波形的曲线（图56）。每只雌鹪莺在一生中只产同一类蛋，但是不同的个体可能在蛋的颜色和图案上有很大的差异，导致在物种内部存在着高度的多样化。杜鹃鸟雀类的寄生族与之一样，每只雌性鸟产的蛋也在外观上各异。

我有幸与克莱尔一起工作，一起研究杜鹃鸟雀类及其寄主几次，包括确定寄主排除外来蛋的方式。在第一次研究中，克莱尔在赞比亚做实验，涉及把一个蛋从一个侧翼为黄褐色的褐头鹪莺的鸟巢里换到另一只褐头鹪莺的鸟巢里。本质上，这是通过使用鹪莺的蛋模拟寄生并伪装鸟巢里的蛋的杜鹃鸟雀类的蛋。由于鹪莺中每个雌性个体的蛋的着色都大不一样，一些蛋与寄主的蛋的着色非常相像，而另一些蛋则相对不太相像。几天以后，克莱尔检查鸟巢，判断哪些蛋因被排斥而消失了，而哪些蛋被寄主接受了（图57）。然后我们把鸟的颜色视线模式和图案的图像进行分析，用于计算寄主接受或排斥

图 56：杜鹃鸟雀类蛋的拟态伪装。左图：褐头鹪莺蛋多样化的颜色和图案（外圈），以及其寄生体——杜鹃鸟雀类的拟态伪装的蛋（内圈）。个体雌鸟产的蛋的颜色与其他鸟不同，导致每个物种的多态性。右上图：一只杜鹃鸟雀类的幼鸟（较大的个体）和一只鹪莺的幼鸟；右下图：寄生的幼鸟在不断乞求，以致寄主的幼鸟一般都会饿死，只有寄生的幼鸟能在鸟巢里长出羽毛。

图片来自克莱尔·斯波蒂斯伍德

图 57：实验揭示出寄主鸟利用蛋的颜色和图案的哪些特点来检测并排斥外来的蛋。一种方法是把一个蛋从一只鸟的鸟巢换到另一只鸟的鸟巢里，并监控寄主父母是接受它还是排斥它。上图显示出一窝鹪莺蛋，其中含有寄主的两个蛋和另一只雌鸟的一个蛋（右边的蛋）。在这种情况下，拟态伪装得很好，外来蛋就被接受了。下图显示出一窝蛋，其中外来的蛋（右边）被排斥。

图片来自克莱尔·斯波蒂斯伍德

外来蛋的基础是什么。结果很清楚：当杜鹃鸟雀类的拟态伪装水平较差时，鹪莺更有可能排斥寄生的蛋，而且它们利用蛋的外表中几个不同的方面来决定是否应当排斥某个蛋。它们作出排斥决定的基础是寄主的蛋与外来的蛋在颜色和图案几个方面的不同点（包括标记的大小和多样性）。也许最重要的是，我们发现寄主在排斥行为中使用的特定特点恰恰是真正的杜鹃鸟雀类的蛋和鹪莺的蛋差异最大的方面。这意味着鹪莺在利用蛋的外观上最为可靠的特征，那些特征传递出与鸟的身份相关的最重要信息（是寄主或者寄生鸟），以引导它们的排斥行为。这可能对欺骗的进化过程有显著的启示作用，因为它意味着寄主对蛋的特定特点的辨别会导致杜鹃鸟在图案和颜色方面的拟态伪装更加有效。寄主们习惯了寄生体伪装得不太好的那些蛋的外表特征，并以此引导它们的排斥行为。反过来，对于寄主的这些特征，寄生的鸟应当提高它们的拟态伪装水平。因此，拟态伪装和欺骗行为从一开始就不是关于完美匹配的问题，而是发生于不同阶段，在于被欺骗的物种（在这种情况下是指寄主）关注哪些在欺骗行为中未能很好伪装的特点。这导致拟态伪装首先在某些特征上变得很精确，比如颜色，而不是在如蛋上面的斑点形状之类的其他特点方面变得精确。如果拟态伪装以这种方式进化，那么它也能够帮助阐明为什么不完美的伪装者存在于其他系统中，如食蚜蝇的贝茨氏拟态伪装。

我曾经提及，成功的排斥行为有两个主要组成部分，如同我们讨论过的，第一部分涉及辨别寄主的蛋与寄生的蛋之间的差异。然而，这还不够，因为即使当寄主已经察觉出一枚蛋的外表不同时，它们仍然必须识别出哪些蛋是它们自己的，哪些蛋是寄生的。寄主必须排斥寄生的蛋，而不是自己的蛋。总体来说，寄主主要有两种方式能够做到这一点。一方面，它们可以只是扔出窝里占少数派的蛋（剔除不同原则）。如果一只鸟有4个蛋，其中3个看起来非常相似而另一个看起来不同的话，那么很可能那个不同的蛋就是寄生蛋，就应当把它移出去。这种方法不太要求认知技能或者后天的学习，因为它是一条经验法则，但是在一些情况下，如当寄生现象很普遍，以至于寄生的蛋能够与寄主的蛋在数量上相等甚至超过寄主的蛋时（这确实会发生，有一些寄主在它们的巢里会遭遇到好几个寄生的蛋），那这个方法就是不明智的了。在这样的情况下，寄主反而会把自己的蛋扔出去。另一方面，寄主"了解"自己的蛋看起来是什么样的，也许在早期的繁殖期就"了解"自己的蛋的外表，这样不管鸟巢里蛋的相对比例是多少，它们都可以排斥任何外表与此不同的蛋。

一般说来，后一种方法好像是大部分寄主的首要机制。第一个有力的证据来自20世纪70年代斯蒂芬·罗斯坦（Stephen Rothstein）在北美进行的关于燕八哥潜在寄主的开拓性研究工作。他把不同数目的模型蛋放入寄主的巢，结果显示，寄主在大部分情况下能够识别出自己的蛋并排斥外来的蛋，即使当自己的蛋的数量少于外来蛋时也是如此。在若干包括鹪莺在内的其他巢内寄生体的寄主中，也有类似发现，虽然一些研究发现鸟使用排除规则的证据，但是这好像不太常见。

排斥外来的蛋并非故事的结局，寄生体有许多其他骗局来阻止寄主排斥外来蛋。这包括某种相当肮脏的做法，寄生体能够因此欺负寄主并令其接受它的蛋。棕头燕八哥是北美唯一分布广泛的巢内寄生体，在过去的两个世纪里，它的分布区域有了很大的扩展。它是一个泛化种寄生体，利用200多个物种，其中的一些物种显示出排斥行为，但另一些物种却没有显示出排斥行为。如果一些新的寄主还没有时间进化出防御能力（人们认为这是篱雀不排斥杜鹃鸟蛋的原因），它们才会发生缺乏排斥外来蛋的行为。或者如果寄生体因寄主排斥外来蛋的行为而惩罚寄主，那么寄主采取不排斥行为可能确实是最佳选择。有证据显示，棕头燕八哥使用这些所谓的"黑手党"策略，即雌性燕八哥甚至会在产蛋后继续监视寄主的鸟巢，似乎在通过毁坏寄主的鸟巢或者毁灭寄主的幼鸟来报复排斥它们的寄主。这导致寄主的窝全军覆没，迫使寄主重新筑巢，这一过程之后通常是寄生体的再次寄生。这样寄主就可能会被迫接受寄生的蛋，以避免鸟巢被毁。这一策略只是对燕八哥有用，因为它的幼鸟一般不会把寄主的幼鸟从巢穴里驱逐出去。与之相反，尤其是当寄主种群很大时，寄主的幼鸟有时会与寄生的幼鸟一起被养育下来。有时一两只寄主的幼鸟还长出了羽毛，甚至能够顺利长大。因此，如果寄生现象的比率足够高，而且燕八哥使用"黑手党"的策略，那么通过接受寄生的蛋，寄主确实可能做得更好，因为那样的话，它们至少有机会养大一些自己的幼鸟，而不会使自己的巢反复遭到毁坏。事实上，排斥寄生蛋的寄主的鸟巢比接受寄生蛋的寄主的鸟巢少繁殖60%左右的幼鸟。一些杜鹃鸟的种类也使用"黑手党"的策略，但是燕八哥还十分有趣，因为它

7. 鸟巢里的骗子

们可能还会"养殖"自己的寄主。也就是说，燕八哥有时好像在监控潜在的寄主鸟巢的情况。如果它们发现了一个合适的繁殖寄主，可是寄主的繁殖过程还遥遥无期（例如已经有了幼鸟）的话，那么它们可能会毁掉这个鸟巢，逼迫寄主重新筑巢，这时燕八哥就可以把它们作为目标。有趣的是，雌性燕八哥的脑部有一个增大的区域（称为海马区域），众所周知，它在鸟和其他脊椎动物的空间记忆中起着重要的作用。这使得它们能够通过定期造访这些鸟巢来监控一个地区鸟巢的情况及其结果。

以前超出孵蛋阶段（不是发生于幼鸟或者未离巢的雏鸟）的有关寄生体—寄主体系中共同进化和欺骗的证据都还很薄弱，很少有证据表明寄主会排斥幼鸟，相应地幼鸟被寄生体拟态伪装的证据也几乎没有。然而，有趣的是，新千年伊始，一些寄主把杜鹃鸟的幼鸟扔出去的证据开始增多，尤其是一些未曾被怎么研究过的物种采取了这种行动。现今在澳大利亚国立大学工作的内奥米·朗默（Naomi Langmore）和剑桥大学的同事在研究澳大利亚杜鹃鸟时，开始有了一系列有趣的发现。他们考察了一种名为壮丽细尾鹩莺的寄主物种，这是一种小型鸟，雄鸟有漂亮的蓝黑色羽毛，被棕腹杜鹃作为攻击的目标。朗默及其团队发现，壮丽细尾鹩莺几乎放弃了一半有一只杜鹃鸟幼鸟的鸟巢，因为杜鹃鸟赶走了所有寄主的后代。这种行为可以通过一个简单的经验法则得到解释：放弃有一只幼鸟的鸟巢，因为很有可能那是一只杜鹃鸟。然而，这不会是全部的故事，因为细尾鹩莺放弃了100%有一只华丽棕腹金鹃幼鸟的鸟巢，这是鹩莺的一个稀有寄生体。这使朗默及其同事认识到，寄主可能会在寄生的幼鸟之间进行辨别，其原因在于，与棕腹金鹃相比，寄主不太可能抛弃有一只棕腹杜鹃幼鸟（或者一只细尾鹩莺）的鸟巢，它倒宁可只是因为幼鸟的数量而抛弃鸟巢。如果那些杜鹃鸟有些像寄主的幼鸟，而不是像华丽棕腹金鹃的幼鸟，鹩莺可能不会很快放弃有普通棕腹杜鹃鸟的鸟巢。

这一证据饶有趣味：可能存在着寄主对于幼鸟的排斥行为，但是直到2010年，以立教大学的佐藤望（Nozomu Sato）为首的日本科学家做了一项研究，才得出了清晰的论据，它涉及寄主父母把杜鹃鸟的幼鸟从鸟巢里赶出去的重大发现。佐藤望和他的团队也研究了澳大利亚的鸟类，并拍摄了沼泽噪刺莺，它们被小型棕腹金鹃寄生，排斥杜鹃鸟

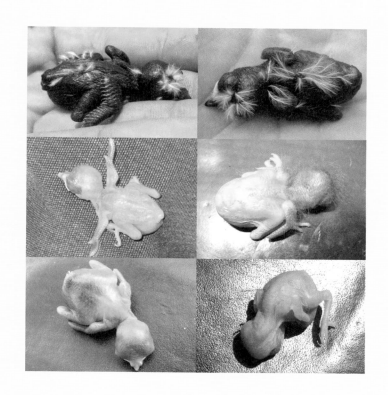

图 58：澳大利亚棕腹金鹃
幼鸟的拟态伪装。上图：小
棕腹金鹃与其寄主沼泽噪刺
莺；中图：华丽的棕腹金鹃
和黄尾刺嘴莺；下图：棕腹
杜鹃鸟和壮丽细尾鹩莺。杜
鹃鸟的幼鸟伪装了壮丽细尾
鹩莺的皮肤颜色和绒毛。

图片来自内奥米·朗默

的幼鸟。随后的研究发现，这种行为也发生于小型棕腹金
鹃的另一种噪刺莺寄主中。迄今为止，这种行为好像不常
见，寄主常常错误地排斥它们自己的幼鸟，关于这种情况
还不为人所知。然而，朗默及其同事证实，在几个澳大利
亚的物种中（包括壮丽细尾鹩莺），对杜鹃鸟幼鸟的排斥
好像是个足够有力的因素，导致拟态伪装有了长足的进化
（图58）。这里，（根据人的视觉和鸟的视觉）杜鹃鸟的幼
鸟显示出与寄主的幼鸟在皮肤颜色、裂口颜色和绒毛的显
现上极为相似，而不同的杜鹃鸟物种与其各自的寄主相
似。例如，小型棕腹金鹃的幼鸟与沼泽噪刺莺的深色皮肤
相当，华丽棕腹金鹃身上的黄色与黄尾刺嘴莺身上的颜色

极为相似，而棕腹杜鹃是一种粉红肤色，就像壮丽细尾鹩莺的幼鸟。只有寄主父母可以辨别出不同幼鸟的外表，寄生体的这种拟态伪装才会进化。目前，我们对于其他寄生系统还知之甚少，还没有足够的证据说明这些澳大利亚的鸟是否有独特之处，也无法说明幼鸟的排斥行为是否可能在其他物种中更为广泛。

对于许多澳大利亚的寄生—寄主系统而言，有另一个令人迷惑的方面：寄主好像几乎不排斥蛋。这很奇怪，因为我们了解的大部分寄生体专注于排斥蛋，为什么寄主会一直等到幼鸟阶段才进行排斥呢？除此之外，一直等到幼鸟阶段才排斥还不可避免地意味着当杜鹃鸟的幼鸟赶走寄主的幼鸟时，寄主的所有幼鸟都会死去。在某些情况下，寄主未排斥蛋的行为发生在鸟巢光线很暗的物种中，使得寄主几乎不可能看出它们自己的蛋与杜鹃鸟的蛋的差异。但是最近的研究显示，寄主确实在孵蛋阶段就开始防御，但直到杜鹃鸟的幼鸟孵出后，它们才对幼鸟采取行动。澳大利亚弗林德斯大学的戴安·克罗姆百利-奈格鲁尔（Diane Colombelli-Négrel）及其同事也研究了壮丽细尾鹩莺和棕腹杜鹃鸟。他们发现，当幼鸟还在蛋里未被孵出之前，细尾鹩莺父母会给它们唱一首特别的歌曲，这样未出生的幼鸟就知道了这个"密码"。不同的寄主鸟巢有不同的密码，当寄主的幼鸟孵出后，它们会在自己的求食声中体现这个"密码"。然而，杜鹃鸟在寄主的幼鸟孵出之前的两天左右才来孵蛋，这时寄主细尾鹩莺妈妈已经给自己未出生的幼鸟教完了这首特殊的歌。当杜鹃鸟孵出来时，它无法唱出正确的曲调，寄主父母就会少喂养它一些，甚至遗弃那个鸟巢，把杜鹃鸟的幼鸟留在那里饿死。这一重大发现显示，寄主的防范性能够跨越繁殖过程的好几个阶段。这样的"密码"是否与排斥幼鸟的行为和杜鹃鸟幼鸟的拟态伪装有关，以及这两者是如何联系起来的还不太清楚。情况可能是这样的：基于杜鹃鸟的求食声不相配，细尾鹩莺便遗弃了孤独的幼鸟；反之，在其他情况下，寄主直接分析幼鸟的外表，并据此排斥外来的幼鸟，把它们赶出鸟巢。为什么这些寄主有时采取一种做法，有时采取另一种做法？这两种做法是怎么联系到一起的？这些问题还是个谜，就像为什么这些澳大利亚的鸟与人们研究过的其他寄生体差异很大一样令人费解。

现在让咱们转向道金斯和克雷布斯所谓的利用寄主的问题，也就是寄生体将寄主父母的亲代抚育行为最大化的方式。在养育幼鸟时，父母与幼鸟之间常常发生利益冲突，父母想要将它们的供给限制在一定程度，以便为潜在的未来孵化工作"节省"某种再生产的努力。然而，幼鸟常常试图通过煞费苦心的乞求操纵父母带来食物。在进化生物学中，这被称为父母—儿女冲突。如同我们探讨过的，在大部分情况下，幼鸟的自私程度有一个限制，因为它们与当前的和潜在的未来的同窝"兄弟姐妹"共享许多基因。然而，这并不适用于巢内寄生体，因为它们与寄主父母及寄主父母的幼鸟（完全来自不同的物种）有非常低的相关性，所以它们应当极其自私，并尽可能榨取寄主父母更多的关爱。如同我们的发现，它们有许多窍门，会在适当的时机实施。

为了独占父母的关爱，并尽可能获取更多的食物，巢内寄生体常用的一个显而易见的方式是清除巢内的竞争，也就是杀死所有寄主的幼鸟。普通杜鹃鸟的幼鸟以此举而闻名。杜鹃鸟的幼鸟通常比寄主的幼鸟先孵出来，然后在自己还未长毛并且眼睛还看不见东西的时候就着手把寄主的蛋一个一个举到后背上，从鸟巢里扔到地上或者下面的水里。寄主父母似乎被整个过程整得头脑发蒙，当自己所有的蛋从巢里被推出去时，它们常常只是坐视不管，袖手旁观。这可能听起来很卑劣，但是其他寄生体以一种更为令人厌恶的方式行事。响蜜䴕在非洲、亚洲最为常见，其中一类是生活在热带非洲的大响蜜䴕，它以与人类的共生关系而闻名。当这些鸟发现蜜蜂的巢穴时，会发出一种特别的叫声，给人类发出信号，并引导人类找到这个巢穴，以便劈开它来提取蜂蜜。如果人类圆满得到这部分收益，那么他们会给响蜜䴕留下一块蜂巢，响蜜䴕要的不是蜂蜜，而是蜡和蛴螬。但是响蜜䴕（包括大响蜜䴕）也是巢内寄生体，以在洞里筑巢的物种为目标。克莱尔·斯波蒂斯伍德研究了赞比亚的响蜜䴕，还与杰伦·库鲁瓦（Jeroen Koorevaar）记录了响蜜䴕的幼鸟消除竞争的方式。她把红外相机放入有响蜜䴕蛋的几个寄主物种的鸟巢，例如常在废弃的土豚洞穴里筑巢的小食蜂鸟（小蜂虎），并拍下了后来发生的情况。响蜜䴕的幼鸟经常先孵出来，当寄主的幼鸟孵出时，响蜜䴕的幼鸟就用特别合适的锋利的钩镰嘴巴用力袭击寄主的幼鸟（图59）。寄生的幼鸟用嘴巴劈、戳、咬并摇晃寄主的幼鸟，直到这些幼鸟受到致命的伤害，大概在10 min ~ 7 h因体内出血而死。克莱尔注意到，响蜜䴕的幼鸟甚至会袭击并撕咬拿着它们的人手（但有趣的是，它们并不会

7. 鸟巢里的骗子

图 59：被大响蜜䳬的幼鸟杀死的幼鸟。上图是一只响蜜䳬的幼鸟，大约有 8 天大，展示它用来杀死寄主的幼鸟使用的钩镰嘴巴。下图显示出地下巢穴里响蜜䳬的幼鸟和最近被杀死的小食蜂鸟（小蜂虎）刚孵化出的幼鸟。

图片来自克莱尔·斯波蒂斯伍德

袭击或撕咬喂养它们的寄主父母）。

　　不过寄生体清除所有寄主的幼鸟并不总是会得到回报的。出人意料的是，当它们与寄主的幼鸟同时被喂养时，有时候情况会更好一些。例如，棕头燕八哥并不驱赶寄主的幼鸟，反而与它们在巢里竞争。丽贝卡·克尔纳（Rebecca Kilner，剑桥大学的另一位巢内寄生体专家）和同事指出，这实际上对燕八哥的幼鸟有益，因为寄主通常调整它们的投资，给有几只幼鸟的鸟巢（而不是只有单只幼鸟的鸟巢）带来更多食物。燕八哥还通过更为起劲的乞求获得更多食物，所以它与寄主的幼鸟竞争的成本很低。尽管如此，许多寄生体，包括普通杜鹃鸟，确实会驱逐所有寄主的幼鸟，而且这可能会导致寄主父母带来比较少的食物。与日本的鹰杜鹃鸟一样，许多寄生体物种的幼鸟有许多骗局来弥补这一差额。

　　让咱们再次转向普通杜鹃鸟的幼鸟、尼克·戴维斯和维肯滩地。戴维斯和包括丽贝卡·克尔纳在内的同事们考察了引发苇莺给杜鹃鸟带来或多或少的食物的原因。他们提出了明确的观点：杜鹃鸟幼鸟的乞求表现好像比那些有一只单独的寄主幼鸟的鸟更为强烈——事实上，它们更像一整窝巢内的幼鸟。他们的实验检验了当巢里有一只单独的苇莺幼鸟、燕八哥或者画眉的幼鸟（与杜鹃鸟的幼鸟大小类似）时，苇莺给巢里带去多少食物。苇莺给杜鹃鸟幼鸟带来的食物比给其他幼鸟物种带来的食物多，意味着鸟的大小并不是唯一重要的，而杜鹃鸟的乞求表现也很重要。对杜鹃鸟求食声的分析支持这一观点，表明一只单个杜鹃鸟幼鸟发声的方式与一整窝苇莺发声的比率和强度相似。接着，团队把一只单独的燕八哥的幼鸟放入一个苇莺巢里，并通过紧挨着鸟巢放置的扬声器播放杜鹃鸟或者一整窝苇莺的录音（图60）。这一次，寄主给鸟巢带来的食物数量相差无几，显示出普通杜鹃鸟好像是通过发出像一整窝寄主的幼鸟的声音使食物的供给最大化。

　　普通杜鹃鸟的求食声与一整窝苇莺的求食声有相似的特点，这个原因常被认为是对一整窝鸟的声学拟态伪装的一个例子。我们反复探讨的一点是拟态伪装涉及一个物体或者刺激物（一种杜鹃鸟的叫声）与另一个（苇莺的叫声）进化得十分接近，以至于第三方（苇莺的父母）错误地把伪装者归类为另一个物体类型或者物种（就像食蚜蝇的颜色图案在选择的原则下进化，被误认为是黄蜂或者蜜蜂）。把杜鹃鸟的求食声视为拟态伪

7. 鸟巢里的骗子

图 60：录音重放装置实验。用于考察寄主父母如何回应自己的幼鸟和杜鹃鸟幼鸟的求食声。这里，一个扬声器被放置在一个有一只单独的燕八哥幼鸟的苇莺鸟巢旁边。当扬声器播放一只杜鹃鸟幼鸟的求食声时，寄主父母有高比率的食物供给。

图片来自尼克·戴维斯

装的问题在于，寄主好像并没有利用求食声把杜鹃鸟归类为属于一个或另一个物体/物种。也就是说，没有证据显示苇莺利用求食声的差异来辨别寄主和杜鹃鸟的幼鸟，同时把这种信息用于排斥行为中。更有可能的是，杜鹃鸟的求食声是一种感官利用，也就是说，那只是获得更多食物的一种方式。乞求表现的功能不是为了防止寄主父母的检测和排斥行为，而是通过引发更强的喂养反应而榨取寄主父母尽可能多的关爱。事实上，杜鹃鸟进化了一种非常复杂的"异于寻常的"苇莺的叫声，因为这可以更有效地激发寄主父母带来尽可能多的食物。

与大部分其他乞求表现形成对比的是，一个发生于日本的棕腹杜鹃鸟中的例子，可能是真正的拟态伪装（以增加寄主的供给），那是我们在这一章开始就遇到的富士山上的物种。棕腹杜鹃鸟的鲜黄色翅膀斑块非常显眼，但田中啓太和其他人也发现，寄主有时试图直接把食物放入棕腹杜鹃鸟的翅膀斑块里，这说明它们把这些斑块错误地认为是

图 61：有翅膀斑块的棕腹杜鹃鸟的幼鸟。幼鸟有鲜黄色的翅膀斑块，这些斑块在反射紫外线时更为鲜亮。

图片来自马丁·史蒂文斯

幼鸟真正的嘴巴。在人的眼里，这种拟态伪装远非完美，但是在黑暗的筑巢条件下，也许就足够了。事实上，棕腹杜鹃鸟的翅膀斑块好像既利用了感官，又利用了拟态伪装。因为对于鸟的视觉系统而言，翅膀斑块比寄主嘴巴真正的颜色更加鲜亮，而且翅膀斑块反射很强的紫外线，这很关键，因为鸟生活的较高处的森林环境可能含有大量的紫外线（图61）。普通杜鹃鸟使用一种夸张的声音展示带来的食物，日本的棕腹杜鹃鸟反而使用一种视觉信号，也许是因为它们的寄主在地面筑巢，遭受捕食的可能性非常大（超过一半以失败告终），而高声尖叫会增加这种被捕食的危险。

　　鸟不是唯一为了繁殖而相互欺骗的动物群体，蚂蚁、蜜蜂和黄蜂（膜翅目）也广泛进行这一行为，而且它们这么做时，也采取与鸟类相似的欺骗手段。然而，与之相反的是，昆虫中的欺骗行为首先发生在化学感觉方面，而非视觉方面，反映了这种信号模式对许多此类物种的重要性。巢内寄生体在昆虫中经常被称为群居寄生物，因为它们经常利用群居的物种，一般采取两种形式寄生。在大约1.2万个蚂蚁的物种中，人们熟知的

7. 鸟巢里的骗子

有200多种是群居寄生物。这些蚂蚁中，有一类是所谓的寄居物种，它们侵入寄主的巢穴，并在寄主旁边生活，有时会杀死寄主的幼崽或者操纵寄主抚养寄生体的后代。在本书开端，我们已经通过爱尔康蓝蝶的毛毛虫遇到过另一种寄居动物，还有一种群居寄生体是俘获其他物种的幼崽并迫使它们听从自己吩咐的悍蚁（造就奴隶的蚂蚁）。

也许最不同寻常的群居寄生蚂蚁是悍蚁。如同它们的名字一样，这些蚂蚁攻击并偷走其他群体的一窝蚂蚁——通常是不同物种的蚂蚁——把它们带回自己的巢穴，欺骗它们为寄主劳动。达尔文在《物种的起源》里提出，悍蚁由其他蚂蚁的卵和幼体的捕食者物种进化而来。虽然还不清楚这一说法的正确性，但是这一推理有道理，而且悍蚁似乎已经独自进化了好几次，显示出其生活方式的优势。悍蚁有许多与其生活历史相关的特点，一些特点非常极端。在第一个例子中，一个新的群体常常在蚁后侵扰另一个巢穴时开始诞生。例如，欧洲悍蚁以两个小的物种为目标。寄生的蚁后紧密配合，然后在杀死或者驱逐当下的蚁后和所有成年工蚁之后侵扰其中一个寄主的群落。发展壮大的寄主的窝有了新蚁后的气味，当悍蚁孵化时，就执行群落的任务，包括养育寄生体自己的幼崽。然后通过实施突袭，从其他寄主群落里捕捉成窝的蚂蚁，这些工作能够补充寄主的劳力。有时悍蚁袭击巢穴，甚至牵制寄主的劳动力。对能够进行识别的蚂蚁个体身体表面的化学峰度（所谓的碳氢化合物峰度）分析显示，虽然成年蚂蚁有极为不同的化学峰度，但是它们的蛹常常十分相似，因此，当它们逐渐成熟时，似乎能够获得所占领的群落的气味。这就解释了为什么有可能把一窝不同物种和群落的蚂蚁融入同一个巢穴。很明显，一些悍蚁盗取了不同物种的窝，以便每一个物种在巢穴里从事不同的任务，就像常常发生在有不同等级的蚂蚁群落里的劳动分工一样。

悍蚁常常只做一件事：攻击并突袭其他蚂蚁的巢穴，并对它们的巢穴进行偷窃。悍蚁的一个单一群落在一个季节里能够捕捉好几千成窝的蚂蚁。它们是出色的打仗机器，由武器兵工厂制造。在第一个例子中，来自悍蚁窝里的侦察兵被派出去寻找它们寄主物种的巢穴。一旦找到寄主的巢穴，这些侦察兵就回来，并招募部队去攻击并偷窃寄主的幼虫和蛹。有时悍蚁甚至有受奴役的工蚁陪伴，这些工蚁帮助悍蚁再次突击自己原先的家。在到达那个地方后，悍蚁寻找目标巢穴，当它们发现了巢穴之后，这些悍蚁就会移走任何障碍，比如挡住入口的小石头，然后进入巢穴。发生这种事情时，一些物种的工蚁会逃跑，而其他物种则留下来进行搏斗。后一种选择常常因为攻击的蚂蚁拥有武器而导致大量伤亡，尤其是在一些防护工作做得很好的大的群落里。下一步，悍蚁会采用化学战争，采取许多不同的形式。在一些情况下，悍蚁伪装它们寄主的气味特点，偷偷溜过防御，不过它们时常使用一个名为杜氏腺的特别增大的器官，把产生各种效果的物质喷向寄主。这些物质中有一些是"宣传性"物质，在20世纪70年代早期，人们首先对悍蚁产生的这种物质有所描绘，表示这些物质是为了安抚寄主，废除它们的攻击行为。其他化学物质冒充寄主的警报信号，引起寄主的恐慌和逃跑。但是，最值得注意的物质是引起寄主的工蚁相互攻击的化学物质。

如同被欺骗的鸟类寄主一样，许多被欺骗的蚂蚁物种会对群居寄生体予以反击。同一群体的蚂蚁常常分享相同的化学信号，当幼崽被孵化出来时，就会带上那一种信号。这使同一巢穴的同类能够相互识别出来，并能发现入侵者和竞争者。一些悍蚁具有与它们寄主的化学特质相似的特征，这种匹配常常与它们的主要寄主物种比较接近，而且与其他地方的寄主群体相比（就像爱尔康蓝蝶一样），与同一地理区域的寄主群体也更接近。这种化学拟态伪装使蚁后能够不必进攻即可直接接管一个巢穴，工蚁可以在悍蚁突袭期间避开寄主的防御。但是杜鹃鸟的寄主以大致相同的方式能够对外来的蛋有更强的识别力，受到攻击危险更高的蚂蚁群体对偏离自己的化学特征有更强的识别力。

来自路德维格·马克西米利安大学（位于慕尼黑）的亚历山德拉·阿肯巴克（Alexandra Achenbach）和苏珊娜·福伊齐克（Susanne Foitzik）展现了寄主采用化学识别力进行反击的方式。他们发现，受悍蚁物种（奴用蚁）奴役的物种工蚁有时忽视了悍蚁窝里的幼崽，留下2/3的幼崽死去，甚至直接把它们杀死。最初，这种做法显得不是特别有帮助，因为这一种群已经被接管，寄主蚁后也被杀死了。然而，通常同一物种临近的巢穴有一些个体，它们因为新种群形成的方式而关系相对紧密。通过杀死悍蚁的一窝幼崽，寄主能够减少它们的寄生体在突袭其他临近的蚂蚁巢穴时的有效性，而且这一过程也对与它们相关的个体有益。这种帮助可能是实质性的，因为悍蚁每年可以成功地突袭2～10个群体，有时会更多，这就把大量压力放到了寄主种群上。由于寄主杀死寄

7. 鸟巢里的骗子

生的幼体，悍蚁的数量才能一直很低。在这些物种中，好像寄主和寄生的幼体化学特征确实仍旧有很大差异，而且这使得被奴役的工蚁能够在它们之间进行辨别。然而，研究者也发现，当他们把寄生的幼体放入寄主的巢穴时，从同一地区放入和从其他地方放入寄主的巢穴相比，从同一地区放入寄主巢穴的幼体更有可能存活。这表明，虽然寄生体的化学特点与它们的寄主的化学特征并没有完美匹配，但是悍蚁已经经历了某种局部的适应，而且与来自其他地方的寄主相比，它们的化学特征与当地寄主的化学特征更为相似。

另一条防线是完全防止突袭的发生，包括在巢穴入口安置守卫，同时攻击寻找巢穴进行袭击的悍蚁侦察兵。福伊齐克及其同事进行的有关悍蚁及其寄主的其他研究工作探讨了突袭是如何依靠有威胁的攻击的。他们收集了来自北美不同地区的群体并诱发了来自不同地方的群体之间的奴役突袭。来自寄生现象更为常见的地方的寄主蚂蚁显示出比来自悍蚁稀有地方的寄主蚂蚁更强的防御行为，包括对寄生的侦察兵增强进攻性。与之相对应的是，从悍蚁常见的地区来的寄生体更善于攻击寄主的群体。那些蚂蚁利用诸如把一只蚂蚁放置到靠近寄主巢穴入口的地方这样的策略，使通道保持畅通，更利于突袭的蚂蚁逃脱。在悍蚁常见的地方，寄主的防御能力有所提高，迫使寄生体加强了攻击策略。

寄居的群居寄生体与悍蚁有许多共同特点，包括寄主的反击方式。例如，当蚁后侵略寄主的群体时，一种来自德国和瑞典的Temnothorax kutteri也使用"宣传性"物质。蚁后用它腹部的一种清澈的物质涂抹到寄主工蚁的身上，那是从杜氏腺体中产生的。这使得寄主T. acervorum相互攻击，使得蚁后能够进入巢穴。一旦到了巢穴里面，蚁后可以渐渐获得寄主的气味，以便工蚁能够接受它。这一气味获得的过程也许是个常见的方法，有点儿像用一个缺乏任何有效碳氢化合物（一种称为"化学无意义"的策略）的空白石板开始，然后用寄主工蚁修饰或者接触巢穴的部分，把它们自身涂抹上寄主种群的气味。寄生蚂蚁的其他物种采用不同的策略来获得首先进入巢穴的路径。例如，一些蚁后明显地假装死亡，欺骗寄主的工蚁将它们抬入巢穴。

不仅蚂蚁是群居寄生体——蜜蜂和黄蜂也参与这种行为。贝茨和华莱士都非常了解"杜鹃鸟蜜蜂"，华莱士注意到，它们常常与自己锁定的目标物种的外表相似。事实

图62：许多蜜蜂是"杜鹃鸟"物种，把卵产在其他物种的巢穴里并剥削它们的资源。这里，这只独居的蜜蜂（上图）被"杜鹃鸟"蜜蜂（下图）利用。当它们离开巢穴时，"杜鹃鸟"蜜蜂造访了寄主的洞穴。

图片来自马丁·史蒂文斯

上，全世界15%的蜜蜂物种可能确实是寄生的，它们采取的策略可能是在进化过程中多次出现的。例如，雌性杜鹃鸟蜜蜂把卵产在其他独立生活的蜜蜂物种的巢穴里。就在写本书时，我有幸在我家花园里发现了一些剥削性蜜蜂的巢穴，并观察了它们的这种剥削行为（图62）。像许多鸟类中的杜鹃鸟一样，这些蜜蜂常常形迹诡秘，守候在寄主巢穴的附近，等寄主离去时悄然入内。如果它们的行动得逞，这些杜鹃鸟蜜蜂的幼体就会孵化，并用像钳子一样的下颌骨毁掉寄主的幼崽（如果成年蜜蜂在孵化期间还没有这么做时），这就使寄生体可以吃掉巢穴里储藏的花粉，就像杜鹃鸟在垄断寄主父母的关爱之前杀死寄主的幼鸟一样。与鸟类寄生体类似的是，一些从欧洲来的杜鹃鸟蜜蜂物种剥削10多个寄主物种（这与某些专门针对一个或两个寄主物种的寄生体相反）。然而，每一个雌性杜鹃鸟蜜蜂好像只专注于一个寄主，类似于鸟类中的寄主族或者氏族。熊蜂大黄蜂中有大约30个物种（物种总数超过250个）也是群居寄生体。为使自己免于被擒，入

7. 鸟巢里的骗子

侵的蚁后有许多防御手段，包括强有力的叮咬、很大的毒液囊、锋利的下颌骨和厚实的身体角质层，使它们免受寄主的攻击。一些物种也有能够释放秘密化学物质的增大的杜氏腺，用来击退寄主的工蚁。一些熊蜂杜鹃鸟蜜蜂也伪装寄主的化学特征来避开防御，当伪装得不太像时，寄主会更为激烈地攻击入侵者。

在鸟类、蜜蜂、黄蜂和蚂蚁中，巢穴和群居寄生体相对普遍。但是其他物种中的寄生体还很少为人所知。引人注目的是，一些真菌以"白蚁球"的形式伪装白蚁卵的形状、大小甚至气味，以便得到工蚁的关怀，我们可以称其为"杜鹃鸟真菌"。这有点儿像第1章养育爱尔康蓝蝶的蚂蚁，白蚁把真菌球带回巢穴，这些真菌就在白蚁巢穴里生长。这种关系也许是寄生的，当然是真菌进行了欺骗，因为白蚁浪费了有效的时间照看真菌球，而真菌得到保护，不至于失去水分，也避开了竞争者和病原体。然而，除了零星收集的像这样已知的例子之外，为什么群居寄生和巢寄生主要局限于这么有限的动物精选的群组呢？目前还没有真正的答案，但是昆虫和鸟类有个共同特点：它们都在巢穴里养育后代。哺乳动物（不算针鼹和鸭嘴兽）有内置妊娠期，所以巢寄生不是它们的选择。在许多脊椎动物和无脊椎动物的物种中，也不存在发生巢寄生的可能性，因为它们没有可利用的亲代抚育行为。但是其他一些动物也会有筑巢、产卵并照顾它们的情况，包括各种鱼、青蛙和爬行物种。

至少有一种巢内寄生鱼确实存在，这是非洲坦噶尼喀湖的一种鲶鱼（白金豹皮）。根据日本京都大学的佐藤哲（Tetsu Sato）早在1986年的报告，鲶鱼利用在嘴里孵卵的丽鱼科鱼，将它们作为寄主。在嘴里孵卵的丽鱼科鱼会将自己的卵和鱼苗含在嘴里保护起来。发育中的鱼苗在生长过程中会定期离开鱼嘴搜寻食物，但还是会回来获得保护。1985年，佐藤哲在坦噶尼喀湖研究丽鱼科鱼的亲代抚育时注意到，在他取样的6个不同的物种中，许多雌性丽鱼科鱼的嘴里有鲶鱼的幼崽。鲶鱼好像把卵产在了它的丽鱼科鱼寄主的附近，这样寄主便拾起外来的卵，将其与自己的卵放在了一起。随着鲶鱼幼体慢慢长大，当它们还在寄主父母的嘴里时，就会攻击并吞食寄主的鱼苗。就像鸟类的巢寄生体一样，鲶鱼不仅利用寄主父母的关爱，还杀死寄主的后代。

2010年，有一份最新的报告称，马拉维湖的另一个鲶鱼物种也是巢寄生体。在马拉维湖的某个鲶鱼物种中，雌性和雄性鲶鱼都照顾幼体：雌性鲶鱼用未受精的卵喂养它们，雄性鲶鱼则用捕到的猎物作为食物。它们的巢穴中有时有另一种鲶鱼（尼亚脂鳍胡鲶）的大量鱼苗，这些鱼苗就好像是寄主父母自己的后代一样，得到寄主父母的喂养和保护。事实上，那些巢穴里包含的几乎全是寄生的物种，无一例外，也许这意味着外来的鱼苗在寄主自己的后代刚孵出时便吞食了它们。鱼类中可能还有少量巢寄生发生的例子，但是总体说来，对于寄主而言，是否这是很昂贵的代价，或者是否那只是一个物种在另一个物种的巢穴里堆放它的卵，是否对寄主的繁殖并无大碍，这些问题都还不得而知。

除此之外，人们很难了解为什么巢寄生的现象不是十分普遍，也许它比我们所认为的更为常见。寄主巢里的杜鹃鸟蛋和蚂蚁巢穴里被奴役的工蚁，从其不同的外观相对容易看出来，因而自然历史学家能够有所发现。但是大部分动物的蛋并没有属于某一物种的特别特征，所以巢寄生很容易被错过。也许，生物个体把它们的卵放入同一物种其他个体的巢穴内的例子有很多（事实上，这种物种内的寄生现象在鸟类中广为人知），而且这种行为能够形成一种寄生到其他物种中的先兆。检测寄生体，甚至应该到哪里去寻找寄生体仍旧是个难题，但是关键点好像是：寄生要么是在寄主物种显示出投入了大量的亲代抚育时发生的，要么是寄生体在养育自己的后代时不得不这么做的。人们所了解的情况是，巢寄生和群居寄生提供了大量例子和理论，帮助我们理解欺骗行为是如何进行并进化的，以及被利用的物种个体实际上是如何予以反击的。首先，它们说明了欺骗如何按照一系列步骤经常发生，同时在这个过程中常常变得更为复杂（如蛋拟态伪装的程度）。当进化竞赛升级时，这些阶段常常与寄主防范水平的提高相一致，它们也显示出像寄主这样的动物如何利用可行的信息，并在利用这些信息指导它们的行为（如排斥蛋的行为）时如何作出反应，以及寄生体如何以它们的欺骗行为为目标，相应地操纵寄主的反应。这一主题大致也帮助我们理解了欺骗行为是如何进化的，以及它如何反映了不同潜在策略的成本与收益，因为一旦寄主开始反击，寄生体几乎不可能不付出代价。然而，我们还未搞明白的是，为什么寄主与寄生体之间的互动在不同的物种中如此具有多样性，以及为什么一些群体沿着一条进化路径进行（如对蛋的排斥和拟态伪装），而另一些群体沿着另一条进化路径进行（如对幼鸟的排斥和拟态伪装）。

7. 鸟巢里的骗子

8

基因的传播与性拟态伪装

在本书中，我们通篇主要关注的是旨在改善生存状况的动物的欺骗行为，它们或通过避开捕食或通过获取食物来行骗。然而，在第7章，我们尤其通过关注利用其他物种养育后代的巢内和群居寄生体，来探讨动物如何在繁殖过程中利用欺骗行为。最终，进化中的关键目的是通过繁殖传递基因，除了巢内寄生，还有许多其他类型的欺骗行为来实现这一目的，这包括在繁殖过程中利用其他物种的个体进行帮忙的方式，而且这些方式也涉及同一物种的某一个体欺骗另一个个体，从而在交配中获得优势。

对于通过性进行繁殖的生物体而言，雄性动物的生殖细胞（性细胞，比如精子）必须使雌性动物的卵子受精。一般，这要求一个个体的生殖细胞被转移到另一个个体的身上，在自然界中这种转移能以多种方式发生。对于许多要繁殖的植物而言，授粉是一个关键过程，在这一过程中，花粉从雄性部分被转移到雌性部分。经常发生的情况是，花粉只是被排放到环境中，这是一种类似于机枪扫射的方法，这样一来，就有足够的花粉得到排放，其中一些会在同一物种的其他植物相关部位着陆。然而，这一过程相当粗放，许多花粉会被浪费掉。此外，许多开花的植物利用授粉的物种，直接把一个个体的花粉转移到另一个个体上，授粉者常以从植物身上获得含糖花蜜或者花粉作为报偿。虽然我们经常认为授粉者大多是昆虫，但是其他动物也常常参与其中，包括鸟类和哺乳动物（例如蝙蝠）。然而，昆虫常常与它们的目标植物形成最亲近的关系，有时甚至包括它们之间某种形式的共同进化。例如，昆虫物种能够显示出对花朵颜色的特别偏好，比如蓝色，那么它们光顾的花朵常常与那种颜色相匹配。经过一定时间的进化，昆虫的偏好增强了，花朵就更蓝了。

对于植物而言，在产生花蜜和花粉这些报偿来喂养授粉者所需要的能量方面，它们付出了代价。如果植物能够在吸引授粉者的同时而又不需要向授粉者付出报偿，这对它们应该是有益的。兰花华石斛是中国海南省的一个亚热带地方性物种，由一种胡蜂属的大黄蜂授粉，而这种兰花能以一种极不同寻常的方式诱使大黄蜂为它授粉。虽然大黄蜂也以花蜜和花粉为食，但它们还是一些昆虫的凶猛捕食者，包括一些群居的膜翅目昆虫。它们常常攻击蜜蜂，把蜜蜂带回巢穴，喂给正在生长的大黄蜂幼体。华石斛的花朵是白色的，中心呈红黄色，从表面上看与蜜蜂的外表很相似。令人奇怪的是，造访的大黄蜂以类似于捕捉猎物的方式猛地扑向这些花朵，这常常使花粉被沾到大黄蜂身上，或者把花粉聚成一堆。但此并非这种欺骗行为最为有趣的地方。华石斛好像还产生某种化学化合物，这种化合物与在亚洲和欧洲蜜蜂的警报信息素中发现的化合物相似，而大黄蜂能够发现这种警报信息素。这样，华石斛在引诱授粉的大黄蜂时，似乎通过结合化学和视觉拟态伪装来误导它们。

在至少32种不同的植物的科中，发现了永无报偿的花朵物种。然而，事实上，维持欺骗行为没那么容易，因为随着时间的推移，没有得到报偿的授粉者可能停止造访具有欺骗性的植物。为了预防这种情况的发生，许多像海南的华石斛之类的植物就利用授粉者物种常有的偏好，施展了各种欺骗性手段。这些手段通常以多种感觉形态出现，尤其以视觉形态和嗅觉形态居多。

总体而言，无报偿的植物欺骗行为会发生在这样两个主要过程中：首先，就像花朵在普通的绿色植物背景下脱颖而出一样，植物能够通过感官利用（现在很有希望为人们所熟悉）许多授粉者具有的对明亮、巨大或者多彩结构的普遍偏好。也就是说，植物可能会利用授粉者具有的这种偏好。此外，还有一个情况是植物能够通过模仿一种有益的物种的外观（或者是另一种植物，或者完全是其他什么物种）而进行拟态伪装。这两个过程甚至会一起发生。

尽管永无报偿的花朵可能相对很广泛，但是除了兰花之外，人们对此知之甚少。兰花是欺骗高手，许多物种以各种各样的方式欺骗授粉者。已知的兰花种类大约有3万种，其中约1/3被认为是采用欺骗手段进行某种形式的授粉。这涉及拟态伪装的诱因：这些诱因对授粉者而言意味着食物、潜在的孵卵场地或者性伙伴的存在。总而言之，在兰花中，虽然孵卵场地和性欺骗的策略也很常见，但通过模仿某种提供花蜜的有报偿的花朵外表来获取食物的欺骗行为似乎是最常见的。性欺骗通常包括欺骗雄性膜翅目昆虫（像蜜蜂和黄蜂）让它们以为有雌性同类就在附近，诱使它们试图与花朵进行交配。这也许是最广为研究的兰花使用的欺骗行为。许多物种的花在外表上与雌性昆虫的外表大致相似，这诱使雄性昆虫试图与之交配并在这一过程中转移花粉。但是，化学性的拟态伪装也许更常见，而且一些兰花的伪装采用的是由雌性昆虫释放的用于吸引雄性昆虫的性信息素。例如，澳大利亚的一种兰花由一种黄蜂授粉，这种兰花能以释放类似于雌性黄蜂的一种特殊信息素成分作为伪装。研究者已经证实，用这种兰花和黄蜂的化学信号处理过的黑色塑料球都能够诱导雄性黄蜂与之交配。

有时兰花的拟态伪装能够采取复杂的路径。从中东到喜马拉雅山，从非洲的索马里到埃塞俄比亚，都可以发现疏花火烧兰这一物种，而且它由5种食蚜蝇授粉。各种食蚜蝇的幼体都会攻击并吃掉蚜虫。因此，决定食蚜蝇孵卵地点的主要因素之一是那里是否存在合适的食物供给。因为食蚜蝇的幼体无法分散得很远，所以非常需要附近有大量的蚜虫。雌性食蚜蝇不仅能够从受到影响的植物和蚜虫本身释放的化学诱因察觉到蚜虫的存在，甚至还能察觉出它们属于什么物种。疏花火烧兰的花朵好像普遍与蚜虫的外表相似，但化学性的拟态伪装好像又是吸引食蚜蝇最重要的因素。由德国的马克思—普朗克化学生态学研究所的约翰内斯·斯多克（Johannes Stökl）在以色列进行的一个项目最新显示，兰花产生的化学物质模仿了好几种蚜虫受到捕食者攻击时产生的警报信息素。值得注意的是，这表明兰花欺骗了食蚜蝇来造访并帮助其授粉，而这些行为发生的前提是有现成的蚜虫供给的假象。斯多克的研究使用化学分析方法把兰花的排放物与蚜虫的警报信号进行比较，发现这两者高度匹配。他们还合成了不同种类的植物化合物，并认真记录了食蚜蝇的幼体对这些化学物质的神经反应，结果显示，食蚜蝇应当能够察觉出这些信号。此外，他们在实验室里的研究显示，当这些信号与兰花的化学物质一起出现时，雌性蚜虫在豆类植物上产卵。

疏花火烧兰的欺骗行为听起来非常复杂，但是它行骗的专业水平到底如何？研究团队提出它事实上是个通才，因为兰花的排放物与蚜虫的警报信号中不同化学成分的精确比例并不匹配。相反，它们好像与在蚜虫这一物种整个群体的警报信号中发现的合成物大致匹配。实际上，这能够讲得通，因为兰花吸引的食蚜蝇物种好像并没有攻击一种单一的蚜虫物种，而是以好几种物种为目标。如同斯多克及其同事的探讨，这种外表的大致相似性应当被称为拟态伪装还是感官利用还不甚明了。一方面，我们可以认为这种状况与一些不完美的贝茨氏拟态的理论相似（如一种食蚜蝇物种伪装蜜蜂或者黄蜂的几个物种），尤其是伪装者进化得与几种模型相像的情况。另一方面，我们也可以认为兰花可能只是利用了一种食蚜蝇对一定的化合物具有的偏见或者知觉偏好，因为这些作为诱因确实对食物的存在发挥了作用。最后，这种欺骗行为到底是如何进化的？目前还不得而知，但有一个观点是：一些植物（像野生马铃薯）有与蚜虫的警报信号类似的化学物质，这些信号可以阻止蚜虫在植物上滋生。疏花火烧兰可能已经通过利用化合物吸引授粉者而将这种欺骗行为推进了一步，不过这还只是个推测。感官利用而非特别的拟态伪装好像也有可能在其他兰花物种中发生。对欧洲兰花释放的化学化合物的分析研究显示，蜜蜂有时确实宁可造访有异常气味的物种，也不愿造访那些精确伪装的与蜜蜂的信息素气味更为接近的物种。

兰花从远处吸引授粉者的欺骗行为也许大多以化学诱因为基础，然而，视觉诱因有可能近距离地发挥重要作用，能把授粉者带到对其有益的植物的正确部位。澳大利亚奥克兰大学的安妮·伽斯科特（Anne Gaskett）和麦考瑞大学的玛丽·赫伯斯坦（Marie Herberstein）分析了4种兰花（隐柱兰属）的着色，这些兰花通过伪装雌性黄蜂（雄性黄蜂试图与之交配）的外表，明显地欺骗了一种雄性黄蜂（细青皮）。在人的视觉系

图 63：隐柱兰属兰花的欺
骗行为。它们吸引传粉的
雄性黄蜂，这些黄蜂试图
与花朵交配。虽然对于人
类的视觉系统而言，这种
拟态伪装并不特别明显，
但对于一只雄性黄蜂的视
觉系统而言，花朵的颜色
与雌性黄蜂的颜色别无二
致。左上图：薄唇隐柱兰；
右上图：隐柱兰属蒿；左
下图：隐柱兰属珊瑚；右
下图：隐柱兰属兰花。
图片来自安妮·伽斯科特

统里，这几种兰花看起来差异很大，它们伪装雌性黄蜂
的外表也没什么说服力，只是在颜色和形状上大致相似
（图63），然而，伽斯科特和赫伯斯坦利用授粉者视觉的
模型，分析了不同的兰花颜色在黄蜂的视觉系统中是如
何显现的，其实黄蜂的视觉系统在看到较长的波长颜色
（红色和黄色）时的表现一般都很差。

令人惊奇的是，兰花的颜色与在黄蜂的视觉系统看到
的那些颜色相差无几，虽然对我们而言，兰花的拟态伪装
很差，但如果是一只正在寻找配偶的雄性黄蜂，就意味着
兰花的拟态伪装是可信的。如同之前所提及的，昆虫观察
图案和形状的视觉能力受其复眼的限制，这意味着黄蜂可

能不善于区分兰花的图案与雌性黄蜂的图案之间的差异。总而言之，它们的相似性也许足以蒙蔽雄性黄蜂，而且因为雄性黄蜂好像是兰花使用的唯一授粉者，所以兰花能够专门伪装黄蜂这一物种的颜色。这一例证也告诉我们，如同贝茨氏拟态已经揭示的道理，有时拟态伪装的不太完美可能只是对于我们人类的感知而言，但是对于那些相关的物种而言却并非如此。

兰花不仅通过对动物进行性欺骗来欺骗授粉者，还通过伪装其他植物进行欺骗。这可能涉及兰花伪装成能够产生花蜜的其他物种花朵的颜色，利用一种忠实的交流系统来达到自己的目的。南非的斯泰伦博斯大学的伊森·纽曼（Ethan Newman）及其同事研究了南非的一种兰花，尽管这种兰花不提供报偿性的花蜜，但是它们的花朵还是吸引了授粉的蝴蝶。蝴蝶依靠从几种植物物种中获取花蜜而生存。上述研究者证实，位于东部的兰花开的是橘色花朵，位于西部的兰花开的则是红色花朵，而且这些花朵的颜色与它们模仿的相应模型物种的颜色极为相似。此外，给西部兰花授粉的蝴蝶更喜欢造访人造的红色花朵（伪装真正的花朵）和红色兰花，但是东部的更喜欢人造的橘色花朵和橘色兰花。这与蝴蝶对产花蜜植物（西部的红色花朵和东部的橘色花朵）的偏好相符，意味着兰花受目标蝴蝶对当地颜色偏好的驱使，已经进化出不同的花朵颜色，来伪装成这些不同模型的花朵种类。这样，兰花伪装成另一类花的选择压力很大，这足以导致同一种兰花产生不同的颜色。此外，兰花不只对动物和植物拟态伪装，一些兰花还会伪装成真菌。比如，有一种来自中国西南部的兰花（巴山冷杉），用树叶伪装成受真菌感染的叶子，而这种叶子是为其授粉的苍蝇赖以生存的食物。这种兰花有黑色多毛斑点，即使没有报偿，苍蝇也会受此诱惑。有趣的是，这种植物还会产生一种温和但难闻的气味，就像腐烂的植被一样。

通过性欺骗进行授粉的植物，人们所知的几乎只有兰花，但是肯定也发生在其他植物群体中。与此观点一致的是，斯泰伦博斯大学的艾伦·埃利斯（Allan Ellis）及其同事已经给出了这一论据：一些南非雏菊使用性欺骗来吸引苍蝇（图64）。这一物种的花朵在形状和黄—橘颜色方面非常多变（多态性），由来自不同地理区域的14种不同类型的花朵组成。此外，这些花瓣上有凸起的类似苍蝇的模糊暗记，甚至包括明亮的斑块，与

苍蝇身上闪亮的翅膀和身体反射出的光线相似，似乎是在吸引苍蝇。事实上，苍蝇不仅被这些暗记吸引，还试图与其交配。这些雏菊确实以花蜜和花粉的形式产生食物作为报偿，但是真的会对苍蝇不利吗？好像如此。因为这些花很常见，形成很大的地毯样展示，意味着雄性苍蝇可能会花费大量时间造访它们，同时试图与这些花朵而非雌性同类交配。失去交配机会和浪费精力的后果是会对苍蝇的健康有害的。然而，当与花朵有了这种经历后，雄性苍蝇就会了解拟态伪装展示，也就变得不太可能再与花朵交配。通过这一过程，苍蝇能够降低成本，而雏菊会因此更依赖幼稚的苍蝇为其授粉。接着，雏菊可能会把拟态伪装进化得更好，继续欺骗苍蝇更久的时间，然后苍蝇会进化出更好的能力进行学习、辨别，导致苍蝇与雏菊之间存在共同的进化竞赛。苍蝇的学习和反抗行为可能也是促使雏菊如此多态的原因，因为雏菊的新变种最初对苍蝇来说是未知的，一旦它们变种兴起，就会快速地在一个地区蔓延，因为苍蝇还没有学会避开。

真菌是一个广泛的、高度多样化的生物群体，但是迄今为止我们很少提及。其主要原因是，它们除了外观各异，在与动物的交流或者特定的欺骗行为方面，人们对其研究的也甚少。然而，人们关注了很长一段时间，发现许多种类的真菌会利用气味吸引动物，比如伪装出从真正的腐肉中释放的化合物，得到恰当命名的"鬼笔菌"（鬼笔菌科）的情况便是如此。这种气味诱惑苍蝇飞向一种隐秘的黏滑物质（产孢体），并会食用这种物质。当苍蝇食用这种物质时，也吸收了孢子，当这些孢子经过苍蝇的消化系统时会发芽，或者孢子只是附着在苍蝇的腿上传播到别处去。这些苍蝇其实并没有获得基本的营养福利，也没有获得在合适的地方孵卵（不是在真正腐烂的尸体上）之类的好处，所以它们大多是被真菌所利用。真菌利用苍蝇得以将孢子传播繁殖，而不只是依靠风来传播繁殖。

在已知的大约10万种真菌物种中，约有70种可以发出生物荧光，这通常被认为是其他过程的附带产物，但是圣保罗大学安德森·奥利维拉（Anderson Oliveira）及其同事等在最近的研究中提出，情况并不总是如此。他们证实，在巴西椰林中发现的一种蘑菇真菌会产生一种强烈的绿色生物荧光，且只在夜里发出（图65）。夜间湿度大，正好帮助真菌孢子发芽，而漆黑的环境也足以使发出的生物荧光可见。这就意味着这种生物荧光的产生不只是其他变化过程附带产生的，原因是假如果真如此，那么这种发光就应该持续发生24 h以上。奥利维拉及其同事用带有LED灯的丙烯酸树脂制作了假的发光蘑菇，它们就像真正的真菌一样，把一大群昆虫吸引了过来（但昆虫并没有被不发光的控制组模型所吸引），这些假的发光蘑菇与真正的真菌产生的荧光相当。我们还不清楚的是，为什么昆虫被这种光所吸引。但是，根据夜间受光体吸引行为的推测，这可能涉及某种感官利用或者引诱行为吸引的诱惑物。关于昆虫是否从它们的造访行为中获得任何报偿，或者是否只是浪费了用来做其他事情的时间，以及这种真菌是否真的具有欺骗性，人们仍然不太清楚。

虽然繁殖是进化成功的关键，但是同一物种的个体利益并不总是一致。例如，许多雌性动物只能繁殖有限数量的卵细胞，而且常常会适时地隔开一定时间。与之相反，雄

图 65：真菌在夜晚闪着绿色的生物荧光。上图的真菌在夜晚闪着绿色的生物荧光
（右上图）。带有绿色 LED 灯的人造真菌（左下图）显示出，这种亮光能够吸引昆
虫来帮助真菌传播孢子。

图片来自卡西乌斯·斯特凡诺

性动物常常繁殖大量的精子，远远多于使卵细胞成功受精的数量。这意味着雌性动物不
仅能够成功交配，而且可以选择高素质的配偶。然而，对于雄性动物而言，尽可能多地
交配成功才能获益更多，因为即使与基因"糟糕"的雌性动物交配，也并不会影响它们
继续与基因"优秀"的雌性动物进行多次交配。实际上，具体的状况在不同的物种之间
差异很大，而且雄性动物也可以很挑剔。尽管如此，我们常常会遇到这种情况，雄性动
物会不遗余力地劝服雌性动物与其交配，包括通过欺骗。

　　达尔文是第一位真正鉴别雌性动物选择重要性的人，1871 年他在其影响深远的著作
《人类的由来和性选择》（ *The Descent of Man and Selection in Relation to Sex* ）中提出，
通过他的关于性选择的新理论得出，许多由雌性动物选择驱动的交配展示已经进化出来
了。达尔文主张，雌性动物拥有某种审美感，偏好颜色更为明亮、声音更大而且有更为

　　　　　　　　　　　　　　　　　　8. 基因的传播与性拟态伪装

复杂展示形式的雄性动物。这种观点（雌性动物能够挑选它们的配偶，并且是像雄性天堂鸟或者孔雀那样的拥有绝美颜色和绚丽羽毛展示的驱动者）在保守的维多利亚时代，对许多人来说是难以接受的。事实上，几乎在九十年以后，这一观点才开始被科学家广为接受，人们也才积累了第一个有意义的实验证据。今天，毫无疑问，许多物种的雌性动物，像鸟和爬行动物之类的脊椎动物以及像蝴蝶和蜘蛛之类的无脊椎动物，都对雄性动物施加了大量关于选择的影响，导致了各种交配展示和雄性动物装饰能力的进化。人们对"雌性动物选择的原因到底何在"仍然有争议，但是存在着多样化的却并非互相排斥的观点，这些观点中包括对雌性动物的两个主要好处。一方面，雌性动物能够通过与高质量的雄性动物交配获得直接报偿，因为这些雄性动物有可能更善于提供补给并保护它们的后代。另一方面，雌性动物能够在优秀基因方面获得间接益处，因为优秀的雄性动物应该有优秀的基因，这会使后代有更好的基因，益于后代存活或者在未来获得配偶。几十年来，这些雄性动物通过刺激甚至直接欺骗雌性动物的感觉和认知器官，采用各种各样的伎俩来获得它们的好处。令达尔文和大多数其他科学家不清楚的是，雄性动物能够利用并操纵雌性动物偏好的程度如何？

在配偶选择期间，关于雄性动物是如何操纵雌性动物的意识以获得它们的喜爱的，园丁鸟提供了一个有启发性的例子。在许多物种中，雄性动物会建立一个显眼的立体结构建筑——凉亭，常由树枝和细枝搭建而成，雄性便在上面向雌性展示自己。在许多物种中，雄性鸟会在凉亭上增加各种各样华丽的装饰，包括自然环境中鲜艳的蓝色或者绿色物体（有时包括人类丢弃的物体）。雌性鸟造访雄性园丁鸟，以及决定是与其交配还是再到别处寻找配偶。一般雄性鸟除了交配之外，并不帮助雌性鸟进行繁殖，也就是说，雄性鸟不帮雌性鸟养育幼鸟或者建造鸟巢，所以雌性鸟可能只是通过选择有优秀基因的雄性鸟繁衍后代获得间接的益处。园丁鸟之间的竞争是如此激烈，以至于雄性鸟有时会蓄意破坏对手的凉亭，甚至偷走它们的装饰物。雄性鸟使用的装饰常常能够补充自己的羽毛颜色，扩大它们在联合展示中使用的着色范围。理查德·道金斯（牛津大学动物学家）称，在自然界发现的像园丁鸟及其装饰物的结构是"延伸的显型"，因为除了自己的外貌，这个动物基因是否优秀也能在其素质、技能或者所修建的凉亭等的一些其

图 66: 一只雄性大园丁鸟。
上图: 一只雄性大园丁鸟站
在它的凉亭前面；下图: 大
园丁鸟的灰白色装饰，根据
尺寸的倾斜度安排，小的物
体与凉亭结构更接近。
　　图片来自劳拉·凯利

他特质中反映出来。在配偶的选择方面，延伸的显型种类允许雄性鸟展示它们各个方面
的素质，而雄性鸟无法通过自己的外表展现。

　　澳大利亚迪肯大学的约翰·恩德勒（John Endler）和劳拉·凯利（现在在剑桥大
学）研究了澳大利亚大园丁鸟的求偶行为。雄性鸟修建的凉亭用细枝建成，由高度平行
的墙构成"U"形结构（图66）。凉亭的末端装饰有像小圆石、骨头和贝壳之类的灰白
色物体，雄性园丁鸟会在这些物体上面进行展示，有时会放上着色的物体。雌性园丁鸟
能够通过凉亭0.6 ~ 1 m长的"林荫道"看到凉亭的另一端，从而找到这些装饰物。这
也是雄性园丁鸟展示它的"庭院"的地方，它在雌性鸟面前展现自己的羽毛和迎风飘

扬的着色物体。凉亭高高的两边限制了雌性园丁鸟的视野，所以它能有效地看到一条通道。恩德勒和同事们最初发现，雄性鸟会根据这些灰色物体的尺寸，以一种很特别的方式进行放置。它特意把一些小的物体放到离雌性鸟近的位置，把一些大的物体放到离雌性鸟远的位置。值得注意的是，这制造了一种著名的视觉错觉，叫作"强迫透视"。如果沿着一条通道看，地上铺着大小随意分布的小圆石，那么那些离得远的小圆石看起来一般会比较小。这种效果在帮助我们判断距离时很有用。在这种强迫透视错觉中，物体大小随距离增加的梯度抵消了这种效果，制造出物体按大小统一排列的错觉。研究团队据此进行了一项实验，他们重新将雄性鸟凉亭上的物体进行排列，来消除这种错觉。雄性鸟的反应是重新布置这些物体，重新创建物体的大小梯度，这就意味着雄性鸟这么做有利于择偶。那么好处会是什么？其实，把大的物体放置得远一些看起来会更小或者更短；这与视觉错觉效果相反，把小的物体放置得远一些，会给人一种场景延伸到了远处的感觉，这个技巧常在园林里使用到。使展示区域看起来更小，反而会使雄性鸟显得更加高大。"林荫道"本身用于确保雌性鸟只能从视觉错觉的角度去观察雄性鸟和它的"庭院"。

接着，凯利和恩德勒指出，在制造强迫透视错觉的效果上（也就是产生和维持大小梯度的效果如何），雄性鸟之间的水平各不相同，这可能是雌性鸟在判断配偶质量时利用的一种可靠特征。与此一致的是，雌性鸟对大小梯度的视觉错觉越有效，雄性鸟与之成功交配的可能性就越大。也就是说，这种因梯度摆放产生的物体大小相等的错觉越强烈，雌性鸟与雄性鸟交配的概率就会越高。然而，事情可能没有这么简单。纳塔利·多尔（Natalie Doerr）和约翰·恩德勒最近的另一项研究发现，雄性鸟制造这种视觉错觉的能力主要受到现有的可用的潜在装饰物范围的影响，而不是其自身的影响。这意味着，雄性鸟制造错觉的能力既受环境中所展现物体的影响，也受其建造"林荫道"时固有的感觉和认知能力的影响。然而，这不排除更优秀的雄性鸟可能更有能力找到更加有用的装饰物，也不排除它们的领地有更好的装饰物。所以，错觉制造的有效性可能首先与雄性鸟的能力有关，而且从凯利和恩德勒的研究工作中我们得知，错觉在引导雌性鸟的选择和促进雄性鸟的成功方面似乎很重要。

雄性鸟展示给雌性鸟的着色物体如何？它们在所有这些事情中起到了什么作用？这些被揭示出来，然后在凉亭结构的末端又被雄性鸟依次隐藏起来，好像要控制雌性鸟的注意力并把它抓住，留在凉亭里更长的时间。雄性鸟常常依次捡起并展示着色物体，之后把物体丢弃，或者在雌性鸟面前把物体扔过凉亭的"林荫道"。这些物体颜色的闪光度在灰色背景的衬托下提高了，显得更为光彩夺目。所以，雄性园丁鸟基本上采用两种视觉技巧，视觉原理是：改变雌性鸟对物体大小的视角，同时提高雄性鸟用于展示着色物体的活力。

自然界的动物使用这种错觉的范围有多广还不甚明了，不过许多其他种类的鸟，例如一些南美侏儒鸟，也在小块地上进行展示，而这种小块地是它们用物品清理出来的或者是以某些其他方式处理的。其他动物可能也有彩色小块，这使得它们显得比实际尺寸大了许多。雄性鸟的着色观念也受周围其他个体的影响。例如，雄孔雀鱼（如那些在水族馆的商店里常能买来的鱼）的身上有浓艳的橘色和蓝色斑点，当它们向雌性鱼进行展示时，有时会选择让自己被不太有吸引力的鱼（身体上的颜色斑点更小）所围绕。这能够制造一种假象：这条雄性鱼显得比它的实际外表更好看，这就使这条被其他鱼围绕的普通雄性鱼看起来更有吸引力。另外，也有可能是动物制造了自然界中的运动错觉。事实上，我们已经听到过关于猎物利用令人头晕目眩的动作来误导捕食者的速度和方向的观点。最近，有证据显示，鱼就像人类一样被著名的"旋转蛇"的错觉愚弄，在一块块蓝色、黄色和黑色的、静止的、重复的螺旋结构中营造出一种强烈的运动感，这至少显示，其他动物事实上在什么都不存在的地方看到了运动错觉。所以，虽然我们对这一主题知之甚少，但几乎可以肯定，动物在展示时使用错觉的次数比我们现今所了解到的更为普遍。

如同我们已经了解的，对一定刺激物的偏见或者偏好，就像传粉者对一定花朵颜色的偏好那样，在动物中广为流传，而且这样的偏见或者偏好在择偶期间也能够发挥作用。有时偏好是习得的，或者至少随着经验的积累而加强。然而，偏好也常常是与生俱来并继承的，是动物的感觉和认知系统构造中的一个自然部分，这些系统支配着动物的行为。例如，我们知道，那些灵长类动物有着极佳的色觉感，在这些物种中，很多都偏好红色，包括短尾猕猴和人类，而且这种偏好能够影响它们的交配决定。当雌性猕猴看到雄性猕猴的照片时，与其他颜色相比，它们更偏好那些被红色包围的雄性猕猴。当红色展现在眼前时，人类也显示出类似的兴趣倾向。目前还不清楚原因何在，但毋庸置疑的是，人类和猕猴的视觉系统被调整得恰好能察觉到红色，也许是在察觉红色的能力方面经过了进化，使得我们的祖先能够在绿叶的背景下采摘成熟的红色和黄色果子。这是大多数哺乳动物无法有效做到的事情，因为它们在进化早期就失去了辨别红色和绿色的能力，但是，更为偏好对光和黑暗的整体敏感性进化，相对于颜色辨别能力，这种敏感性在夜间条件下是一种优势。然而，一定的哺乳动物群体，包括一些灵长类动物，其中也包括人类的祖先，"重新进化"了有效的颜色视觉。在灵长类动物中，红皮肤和毛皮在着色进化之前，它们的红色视觉能力就已经增强了，这在有较好颜色视觉能力的物种中广泛存在（图67）。因此，在灵长类动物中，红色的交配信号明显地进化了，利用了一种在视觉系统中早已存在的敏感性或者偏好。当动物在进行挑选时，为了提高搜寻成功率，这种信号会首先呈现在脑海里。

以上所探讨的偏见，意味着无数物种的雌性动物拥有"潜在"的选择权，它们正在等待被雄性动物所利用，而这些雄性动物随后会以雌性动物为目标进化相应的展示行为。例如，得克萨斯大学奥斯汀分校的迈克·瑞恩（Mike Ryan）及其研究团队花费了几十年的时间研究巴拿马的泡蟾求偶行为。雄性泡蟾从池塘的群聚处发出叫声，雌性泡蟾向雄性靠近并挑选出自己想要交配的配偶。瑞恩和其他研究者指出，雄性的叫声主要由两个部分组成：1声长的"哀鸣"紧跟着1～7声短促的"轻拍"（1个"哀鸣—轻拍"叫声）。与那些只发出哀鸣叫声的雄性泡蟾相比，雌性泡蟾偏好既发出哀鸣又发出轻拍声组合的雄性泡蟾，而且雌性泡蟾的听觉与轻拍声组合的频率十分合拍。有趣的是，在相关的青蛙物种中，雄性青蛙只发出一声哀鸣，而这一物种的雌性青蛙对泡蟾发出的轻拍声组合也很敏感。事实上，当轻拍声组合加入这一雄性青蛙的叫声中时，与没有发出轻拍声的雄性青蛙相比，雌性青蛙甚至更偏好加入了轻拍声组合的雄性青蛙。这就告诉我们，雌性青蛙对一定叫声组合的听力敏感性或许优于雄性青蛙，这就使得雌性青蛙在选择时反而会促使雄性青蛙利用这种感觉偏好进化，从而提高了雄性

图 67：一只日本猕猴（左）和一只秃顶秃猴（白秃猴，右）。许多灵长目动物进化有红色的脸庞和身体的其他部分，这些部分在配偶的选择和主要的行为中得以利用。这种情况好像是在一些灵长目动物群体（包括人类的祖先）进化了颜色视觉之后发生的，而颜色视觉的进化使得它们能够区分红色、绿色和黄色。

左图来自艾玛·曼纳斯／123RF

右图来自杰西·克拉夫特／123RF

青蛙的交配成功率。

对其他动物的相似研究也发现了类似结果。例如，在剑尾鱼中，一些雄性鱼在尾部的鳍上有一个延伸部分，在背上有一个像长剑一样的扩展部分。雌性鱼偏好这种背上有剑的雄性鱼，尤其是背上剑比较长的，而不是背上没有剑的，这在一些近缘种中也同样如此。如果雄性鱼天生缺少剑，但在研究者采用人工方式给它们"增加"了一把剑之后，雄性鱼的交配成功率就提高了。需要注意的是，当雄性的信号利用了雌性的感觉偏好时，并不意味着雌性亏本了或者以某种方式处于不利地位。事实上，我们常常不知道，对于雌性而言，它们对雄性提高的叫声注意时，是否会付出很大代价，雄性提高的叫声是否确实哄骗了雌性与它们原本不会选择的雄性个体（就像不太出众的人一样）交

8. 基因的传播与性拟态伪装

配，这还不得而知。事实上，与之相反，雄性煞费苦心的展示常常与自身一些优势特性有关，像身体的大小或者力量，这给雌性提供了一些好处。严格来说，鉴于雌性付出了很大代价，这可能不是真的具有欺骗性，虽然这些信号好像进化到夸大了雌性对它们的反应，而不只是传递了有关雄性信息。

虽然对雌性的偏好利用有可能很普遍，但是人们还不太清楚为什么雌性存有偏好，以及这些偏好最先从哪里来。然而，最有可能的途径是雄性的求偶展示与使雌性产生高度反应的某种东西相像时，就如同灵长类动物在觅食期间对红色的偏好。有时雄性展示甚至可以直接伪装成雌性会在其他地方遇到的某种东西。人们还不太明白这些所谓的感官陷阱，但是常常面临雄性的展示或者结构与其他什么东西相像时使雌性产生一种脱离当下环境的反应。早在20世纪90年代，感官陷阱的观点就首先由当时在巴拿马史密森尼热带研究所的约翰·克里斯蒂（John Christy）提出。他认为，感官陷阱不仅通过强烈刺激动物的感觉系统（比如通过很大的声音）起作用，而且还包括拟态伪装，这样信号会完全与其他什么东西相似，并且在"错误的"环境中产生一种强烈的反应。早在21世纪初的10年间，克里斯蒂及其同事就展示了招潮蟹的研究结果来支持这一观点。许多种类的雄性招潮蟹在交配过程中修筑了洞穴并展示给雌性看。在某种招潮蟹中，雄性在洞穴上面修建了车篷似的结构，雌性受到了吸引。其他种类的招潮蟹没有这些车篷，但是克里斯蒂的研究表明，雌性蟹仍然会被车篷似的结构所吸引。原因可能是雄性蟹吸引了雌性蟹的注意力，以及因与环境中的其他物体相似而获得了逃避捕食者的额外保护。

克里斯蒂的研究工作首次恰当地描述了感官陷阱的过程，但是其实这并不是首次显示证据，也许这一研究工作也没有为感觉陷阱如何起作用提供最好的证据。早在20世纪90年代，希瑟·普罗克特（Heather Proctor）证实，雄性水螨虫类在交配展示期间会伪装出由桡足动物（它们的猎物）引起的振动，这些振动帮助它们吸引了雌性水螨虫。雄性水螨虫会到处游动，直到遇到了雌性水螨虫，这时它们会振动自己的腿。如普罗克特所称，这种"求偶成果"首先会引诱雌性水螨虫对雄性水螨虫作出反应，就如同它们攻击猎物时会作出的反应一样。不足为奇的是，当雌性水螨虫近期都没有进食时，它们更有可能进行交配。与泡蟾和剑尾鱼一样，水螨虫的搜索行为在雄性求偶战栗之前就进化了，所以雄性的交配展示利用了雌性水螨虫中早已存在的偏好。重申一遍，对雌性水螨虫而言，感觉陷阱是否有代价还不太清楚，不过可以想象，它们常常会为此付出代价，尤其是当雌性水螨虫真正想做的事情是寻找食物时，如果被雄性反复哄骗，它们会一直在对求爱的雄性作出反应。事实上，最近关于北美古氏鰑（雄性有黄色尾鳍条纹，与蜻蜓的幼虫相似）的研究工作显示，欺骗行为导致雌性的觅食成功率降低，因为它们常被雄性哄骗。有趣的是，这些物种中的一些雌性好像逐渐进化得能够抵制雄性的展示，这体现在它们面对某些刺激物时能够更好地将食物摄取与交配反应分离开来。这意味着雌性的防御性能进化了，它们付出的代价足够有意义。

　　感觉陷阱有时能够采取人们未曾料到的很好的路径，尤其是一些雄性飞蛾发出的求偶声音。东京大学的坂崎良中野（Ryo Nakano）及其同事研究了一种名为普通糖蛾（斜纹夜蛾）的飞蛾。在这个物种中，雄性飞蛾有个特殊的鼓室器官（这是许多飞蛾都会使用的一类器官），用来产生类似超声波的声音，从而防止蝙蝠捕食者（见第5章）。在这个物种中，雌性飞蛾的听觉基本上已经提前适应了，能够察觉出雄性飞蛾发出的求偶信号，因为昆虫中的听觉器官已经进化得能够察觉蝙蝠的回声定位叫声。一旦耳朵唤起了这一功能，雄性飞蛾就能够把这种叫声利用成求偶期间的一种潜在交流通道，包括糖蛾在内。坂崎良和同事证实，当雄性飞蛾的鼓室器官遭到毁坏而不能发声时，与未受损伤的雄性飞蛾相比，它们的求偶成功率大约从95%降至40%。然而，当研究团队通过扬声器给无法发声的雄性飞蛾伴奏发出的交配鸣叫录音时，它们的求偶成功率又恢复了。不过真正有趣的是，当研究团队给无法发声的雄性飞蛾伴奏重放蝙蝠的回声定位叫声的声音时，根据所使用的蝙蝠的叫声，雄性飞蛾的求偶成功率升至91% ～ 100%。另外，用扬声器简单地播放随机噪声并没有恢复雄性飞蛾的交配成功率。考虑到雄性飞蛾叫声的进行方式及其原因，这种看起来似乎奇怪的发现其实也是能讲得通的。雌性飞蛾的听力与蝙蝠的超声波叫声十分一致，这意味着它们有一种感官偏好，能够察觉到这些声音及在其他情形中产生的相似声音，包括交配时雄性发出的声音。重要的是，雄性飞蛾的叫声通过引起雌性飞蛾静止不动而发挥作用。从根本上说，是雄性飞蛾的叫声阻止

　　　　　　　　　　　　　　　　　　8. 基因的传播与性拟态伪装

了雌性飞蛾逃跑，同时允许被接近并进行交配。这种静止不动的反应可能也源自避开蝙蝠的预适应，因为许多昆虫察觉到有蝙蝠时会静止不动及掉到地上。所以，雄性飞蛾善于利用叫声影响雌性飞蛾的听觉，以及相关的行为反应，这两者最初进化的原因都是为了避开蝙蝠。

坂崎良中野及其同事也证明，另一个飞蛾种类中的雄性黄桃蛾（桃蛀螟）也利用类似于蝙蝠的叫声来阻止对手。他们证实，雄性发出两声叫声，第一声里含有一种长脉冲，第二声里含有几种短脉冲。长脉冲诱惑雌性采取一种交配姿势，这些雌性发出信息素来吸引雄性。然而，要想成功交配，雄性还必须在竞争中击退同类对手。短脉冲与攻击蝙蝠的回声定位叫声相似，操纵着雄性对手停止接近雌性，保持静止。的确，飞蛾脉冲的叫声和蝙蝠回声定位的叫声都有这种效果。在这种情况下，很明显，这种欺骗行为使其他雄性通过失去交配机会的方式付出了代价。

利用潜在伙伴的感觉和认知系统是增加交配成功性的一种途径，但是事实上，存在着更多奇异的方法。雄性常常为了接近雌性而不得不相互竞争，这导致它们的竞争常常很激烈。许多物种的雄性拥有的武器和力量，比如许多鹿的犄角和茸角，某些灵长类动物巨大的犬齿，或者海象的身材和体重，都是这种激烈竞争下选择压力真实存在的确凿证据。当一些出色的雄性动物能够强势地应付对手并保卫许多雌性时，它们就能够操纵交配机会，竞争也会尤其激烈。对较弱小或者武器较差的雄性动物而言，这是个坏消息，因为它们的繁殖潜能会被大幅度减小。所以，较弱的雄性动物有无什么其他的选择？它们可能会变得鬼鬼祟祟以试图避开打斗，而不是争抢，并很快在雌性再次溜走之前与之交配。例如，在海象中，巨大的雄性领袖保卫海滩上的雌性海象群，试图独占它们。从理论上讲，体态较小的雄性海象更有优势，它们能够潜伏在雌性海象群的边缘，然后趁雄性海象不注意时冲进去。

做个"暗中伺机下手的"雄性可能很好，但是这样的雄性却冒着遭到体态较大的雄性攻击的危险，当它们阻挡了那些体态较大的雄性而遭到攻击时，它们交配成功的机会仍旧受到限制。更好的办法是，在那些体态较大的雄性甚至还未察觉的情况下，它们就找到显而易见暗中下手的办法。这正是在许多动物中发生的情况，比如一些雄性动物伪装成雌性动物的外表。20世纪70年代后期以来，蓝鳃太阳鱼（蓝鳃鱼）是研究相对比较多的进行雌性拟态伪装的物种，它们在北美湖泊中被发现。体态较大的雄性鱼攻击性地防卫筑巢的区域，有时守卫着壮观的多达150条鱼的繁殖群体，雌性鱼则被吸引到它们产卵的区域。

康奈尔大学的华莱士·多明尼（Wallace Dominey）在1980年指出，当一个湖泊的区域性雄性鱼体态更大时，它们更有成功交配的趋势。然而，伪装成雌性鱼的雄性鱼也存在于这个群体中，它们的体态比占有这一区域的雄性鱼小，几乎不参与攻击性行动。它们深颜色的图案与雌性鱼相似，且在自己的区域内接近雄性鱼。如果顺利的话，它们会加入一对正在交配的区域性雄性鱼和雌性鱼中间，而且当区域性雄性鱼认为自己是在与两条雌性鱼交配时，这条伪装的雄性鱼事实上也在排放精子并试图使雌性鱼排放的卵受精，而区域性雄性鱼将来还会照顾这些受精的鱼卵。总的来说，伪装雌性鱼的雄性鱼可能比区域性雄性鱼的体态稍小，但重要的是，它们身体的某一部分相对较大，那就是睾丸。这使它们能够产生大量精子，来提高策略实施的成功率。多明尼也证实，伪装的雄性鱼与区域性雄性鱼在年龄分布上没有实质性差异，这意味着这一策略对那些进行伪装的雄性鱼而言是一种固定的生活方式，而不是所有的雄性鱼必须经历的一个发展阶段。

多明尼的研究提出，有两类固定的雄性太阳鱼：一类是雌性太阳鱼的伪装者，另一类是筑巢的雄性鱼。然而在同一年，犹他州立大学的马特·格罗斯（Mart Gross）和埃里克·查诺夫（Eric Charnov）证实，情况更为复杂，至少在他们的研究基地如此。他们证实，事实上，在一个种群中有三类雄性鱼：一类是"暗中伺机下手的"雄性鱼，一类是"卫星"雄性鱼，还有一类是正常筑巢的雄性鱼。"卫星"雄性鱼与多明尼识别的那些伪装雌性的雄性鱼最为相似，它们看起来像雌性鱼，在研究基地周围游来游去，然后加入一对正在交配的鱼。然而，"暗中伺机下手的"雄性鱼看起来更像正常的雄性鱼，飞速冲进并冲出雄性鱼的领地，利用速度而非欺骗行为来排放精子。格罗斯和查诺夫证实，如同多明尼的想法，成为具有支配地位的雄性鱼是一种繁衍策略，而且直到雄性鱼大约7岁其繁殖细胞形成时才出现。与此相反，"暗中伺机下手的"雄性鱼和"卫星"雄

8. 基因的传播与性拟态伪装

性鱼是适时分开的两种相同的个体，它们大约从2岁时开始做"暗中伺机下手的"雄性鱼，然后在4～5岁时发展成为伪装雌性的"卫星"雄性鱼。"暗中伺机下手的"雄性鱼通过快速行动和隐身行动获得成功，而伪装雌性的"卫星"雄性鱼通过直接欺骗筑巢的雄性鱼，令其认为它是雌性鱼而获得成功。

  "正常的"雄性鱼、"卫星"雄性鱼和"暗中伺机下手的"雄性鱼代表着繁殖策略的几种选择。长期以来，进化生物学家对这样的策略选择很感兴趣。随着时间的流逝，关于这些策略的频率，我们期望出现有趣的议题。例如，"卫星"雄性鱼不应当独自生存，因为如果其他所有的雄性鱼也是伪装者的话，它以伪装方式的表现将不会有用。另外，当"卫星"雄性鱼稀少时，"正常的"雄性鱼可以放松警惕，因为它被欺骗的可能性很低，这样"卫星"雄性鱼做个"伪装者"就应当有高回报。所以我们可能期望借不同交配策略的选择来达到某种稳定性的平衡，其中两种策略的回报大致是相同的（也就是说，改变从做一个"伪装者"到做一条"正常的"雄性鱼的策略将于事无补，而且雄性鱼有可能做得更糟糕，反之亦然）。在进化生物学中，这常被称作进化稳定策略，因为没有哪一种生物能够通过角色转换真的成为其他生物。这并不意味着我们就认为种群里每种策略的选择比例相同，因为即使所有种类的个体数量都相等，某种策略本身也可能更成功。目前还不清楚这是否确实解释了多数交配策略被选择的缘由，但是，至少在一些动物中，情况可能如此。与之相反，在许多情况下，根据一种生物个体的年龄或者条件以及发育时一个种群的组成状况，会出现不同的策略。例如，在一群占主导地位的个体中，一个体态较小的雄性生物成熟时会发育成一个"暗中伺机下手的"雄性个体。例如，在角甲虫中，一条雄性虫利用的策略依赖于其发育过程中获得的营养物质。体态较大、获得更多营养的雄性虫的全角得到了发育，这成为它们用于防御含有雌性虫的洞穴通道入口的工具。然而，体态更小的雄性虫没有发育出合适的角，反而成为"潜行者"，它们挖出一个新的洞穴，这个洞穴绕过由雄性虫守护的入口，来拦截别处的雌性虫。

  总体来说，对雌性的拟态伪装和潜行策略似乎在鱼类中十分常见，也许部分原因是许多种鱼将它们的卵或精子直接产在环境中或者培养基上，使得某些雄性鱼很容易冲入并同时排放自己的精子。事实上，据报道，至少在140类外部受精的鱼中发生过雄性鱼暗中伺机下手的情况。与"正常的"雄性鱼相比，"暗中伺机下手"的雄性鱼和"卫星"雄性鱼的策略成功率到底如何还不得而知，但是这一策略在鱼类中看似进化了多次。很难估计这些策略的益处，因为它并非仅靠一条雄性鱼在一个繁殖季节获得的相对受精数量，而在于它一生的繁殖成功率。此外，如果"卫星"雄性鱼不必将能量和营养物质花费到昂贵的装饰或者展示上以吸引雌性鱼，而只是将时间和精力花费在努力独自接近雌性鱼，它们就能够获益。事实上，"暗中伺机下手的"雄性鱼和"卫星"雄性鱼能够节省精力来进行其他工作，而且种群中受骗的雄性鱼能够通过对"暗中伺机下手的"雄性鱼发动更为猛烈的攻击进行反击。如何确定每个策略的相对成功率，给研究者提出了挑战。

对雌性的拟态伪装绝不限于鱼类，还发生在其他动物群体中。有一类鹬与蓝鳃太阳鱼非常相似，是名为流苏鹬（飞边鸟）的一种鸟，在这种鸟中有三种独特的雄性伪装策略。这些雄性鸟的外表相当奇怪，羽毛上蓬松得像衣领似的装饰，就像维多利亚时代的飞边（16世纪和17世纪流行于英国的白色轮状皱领），这种鸟的名字也来源于这种飞边。这些飞边鸟的雄性个体由具有繁殖性翅膀的雄性鸟（防御小范围的区域）、"卫星"鸟（它们不伪装雌性鸟，而是趁巢里的雄性鸟不注意时偷偷地与雌性鸟交配）组成，还包括的第三种形态是雄性鸟伪装雌性鸟进行交配，这是此类交配成功的唯一清楚的例子。它们像"暗中伺机下手的"雄性鱼一样采取行动，伪装成雌性鸟来欺骗巢里的雄性鸟，让它们不会觉得这种"伪装者"是威胁。与蓝鳃太阳鱼的策略一样，"暗中伺机下手的"鸟也有增大的睾丸来产生许多精子。不过与角甲虫不同的是，这种飞边鸟"父亲"的策略被传给了雄性后代，这意味着它们的各种交配策略并不单单取决于雄性个体的条件，还由基因决定。

对雌性的拟态伪装也发生在无脊椎动物中。例如，在澳大利亚的大乌贼中（此命名十分恰当，因为这些鱼的体重能够达到6 kg），几千条大乌贼在冬季于澳大利亚南海岸区域聚集产卵。在这些聚集群中，雄性大乌贼的数量常常超出雌性大乌贼好几倍，导致雄性个体之间进行激烈的竞争打斗。可以预料的是，一定数量的雄性大乌贼会采取暗中伺机下手的策略或雌性拟态伪装的策略。有些雄性大乌贼潜伏在开阔水面，等一对大乌贼中的雄性个体不注意时便开始行动，与雌性个体交配，而其他一些雄性个体也采取同样的策略，只不过它们是从掩蔽的藏身地开始行动的。乌贼以其变换颜色的技能而闻名（如同我们从其伪装所了解的，见第4章），一些小型雄性乌贼通过改变着色去伪装雌性乌贼，事实上，这导致雄性乌贼有时也试图与它们交配。

最后，性拟态伪装并不总是局限于雄性。在好几个豆娘（一种蜻蜓）的种类中，雌性有着不同外表的形态，其中一种看起来像雄性。这种进化的原因有各种可能性，包括雄性在择偶时的挑剔。然而，这在许多种类中好像并不正确，就像黄蟌属这种发现于西班牙的体态相对较小的红色豆娘，雌性交配成功与否好像并不受形态类别的影响。然而，雄性常常被雌性的形态所迷惑，将雌性误认为是雄性，而且更受类似雌性个体外表形态的吸引。这个问题的答案好像与雌性想防止雄性的骚扰有关。伪装雄性的雌性能够避开一些试图与其交配的雄性的注意力，与此一致的是，这一研究工作显示出雌性像雄性的形态在黄蟌属种群中更常见，而且它们的雄性种群密度更大。骚扰的减少可能对雌性有益，因为许多雌性只想交配有限的次数，而雄性的骚扰可以中断其他活动（像觅食）甚至导致身体受到伤害。然而，雌性需要付出代价，可能体现在当它们确实想要进行交配时，交配的机会却已经减少，尤其是当雄性种群的密度很低时。所以，总的说来，"正常的"雌性和伪装成雄性的雌性其交配成功率常常一样，但是这些比例取决于雄性种群的密度。有趣的是，一些豆娘种类中的雌性可能有很好的解决办法来避开雄性的骚扰，平衡交配机会。常见的蓝尾豆娘（异痣蟌属）是一种澳大利亚物种，在像湖泊和池塘这样的静水栖息地旁边的植被中可以发现它们。这个物种中的雄性有着漂亮鲜艳的蓝色，但是雌性有多种形态。科学家发现，性未成熟的雌性豆娘伪装雄性的蓝色着色，减少了不必要的骚扰，雄性允许它们做像搜寻食物之类的其他事情。然而，当雌性性成熟后准备交配时，它们在24 h的过程中不可逆转地改变颜色，从明亮的蓝色变成灰绿色，之后它们看起来便不再像雄性（图68）。当豆娘中的性拟态伪装得到最广泛的研究时，发现一些雌性乌贼可能也采用了伪装雄性特征颜色的模式，使它们能够减少收到讨厌的追求者的骚扰。除了这些例子之外，人们还不太了解，自然界中雌性的性拟态伪

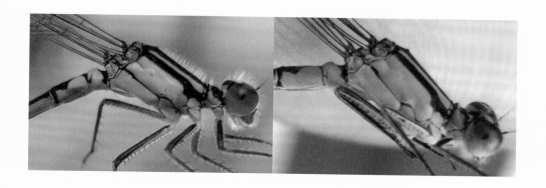

装常见的程度到底如何，或者雄性的性拟态伪装是否总是用于防止骚扰。

从进化的角度来看，一个人的成功大体上与其一生中如何有效传递基因以及如何确保后代的成功有关。但是，在这个过程中，无论是植物将给予授粉者的报偿减至最少，还是雄性豆娘试图强迫不情愿的雌性豆娘交配，都导致不同群体的利益不断发生冲突。类似的欺骗和操纵的例子有很多，从利用动物的感觉系统发挥作用的方式，到对其他目标个体的精心拟态伪装。这些例子再次揭示了（诚实与欺骗）交流信号是如何与动物感知世界的方式及进化和适应的各种过程和机制相协调的。这包括频率制约选择的各个方面，以及目标个体如何能再次回击进化者，是经过进化，还是通过自己的生活经验去学习。在以后的岁月里，毫无疑问，我们对性欺骗的理解会有大幅提高。目前，从感觉陷阱到错觉的使用，我们对许多话题似乎只是做了肤浅的研究。

8. 基因的传播与性拟态伪装

9

欺骗行为的未来

　　动物耍诡计相互欺骗的行为远非什么新鲜事。如同我在本书通篇所强调的，围绕动物欺骗行为的许多最初的观点是早期的进化论者和维多利亚时代的博物学家兼探险者先驱设想出来的，包括华莱士、贝茨、普尔东和达尔文本人。这些人有着深邃的洞察力和自然史知识，他们为这个学科铺平了道路，就如同他们与其他许多人一样，这也许不足为奇。让人未曾预料到的是，大概在过去10年的时间里，得到有效检验的理论和例子的数量如此之多。追溯到华莱士、贝茨和许多其他人，虽然他们做了许多早期的工作，但是到了最近，许多有关动物欺骗行为领域的研究才从大量描述性和趣闻性的记录转为严格的科学试验，对此我始终尽量增加其趣味性。这方面的研究最近取得了显著进展。很明显，自然界的欺骗行为仍然是当今研究中一个充满生机的领域，部分原因是它本身是一门令人陶醉的学科，但也因为它被广泛地用作一个理解生物学基本领域的系统，其范围从生物体如何交流到进化如何进行。无论在理解控制这些领域的机制方面（例如性状的分子和遗传基础），还是在整个种群层次上潜在的大规模进化变化过程，这都是正确的。对欺骗行为的研究也是理解动物的感觉系统是如何运作的较好的途径，这至少是因为许多形式的欺骗是在利用动物的感觉（和认知）过程的选择下进化而来的。毫无疑问，人们对感觉系统的理解提高了，相对而言也反过来促使人们加大了对欺骗行为的研究。除此之外，科学技术的重大进步也帮助了人们对欺骗行为的研究，包括测定动物的颜色、气味或者声音，以及理解并模仿动物是如何认知这个世界的，知道用明智的方法在行为实验中精心设计刺激物。在许多案例中，我所描述的研究在原理上很简单，但是用于制作刺激物并分析动物反应的方法却十分复杂。

即使有关动物欺骗行为的许多观点已经不新颖，但是策略本身却更古老。例如，虽然化石十分稀少，但是人们发现，早在白垩纪时代早期（大约1.26亿年前）的化石就已显示，昆虫模仿叶子来进行伪装。我们可以大致推断，随着早期食虫的鸟和哺乳动物的出现，欺骗行为开始进化并在功能和外表上很快专业化。有人提出，在更古老的时期，一些寒武纪时代（大约5亿年前）的海上腕足动物可能已经进化了贝茨氏拟态，与大约在同一时间已经存在的令人讨厌的海绵动物相似。蜘蛛进行的蚂蚁拟态伪装也有报道，它至少发生在5000万年前，从琥珀里保存的标本可以看到。除了防御手段很古老之外，捕食者受到的猎物的诱惑也很古老。例如，人们认为琵琶鱼在1.45亿～1.7亿年前已经出现，并且从那时起就变得多样化。随着更多化石被发现，其他种类的欺骗行为也将有希望被挖掘出来，为它们进化的历史过程提供线索。

许多欺骗行为的策略非常复杂，包括各种形式的拟态伪装和掩饰。所以，它们是如何在时间的长河中进化的？就感觉利用这样的过程而言，不难想象，在刺激其他动物的感觉系统时，洪亮的声音或者明亮的信号是十分有效的形式，这些感觉利用的方法将会更加成功，并且会在进化的过程中继续得到加强。同样，我们也能猜想，一只生活在远古时代的食蚜蝇如何通过突变获得稍微黄一些的着色，这足以让一些捕食者疑惑，令捕食者认为这只食蚜蝇实际上可能是一只黄蜂或者蜜蜂。但是，这在很大程度上只是讲故事，而且我们如何解释类似于枯叶和枯枝的形态、颜色那么复杂的例子呢？考虑到与一片真正的叶子相似是那种欺骗行为得以进行的基础，那么那一类欺骗行为最初是怎么开始进化的呢？这一问题将我们带回到第一批进化论者的一次辩论中，借此，一些人（像达尔文一样）提出，进化首先以小幅的递增量进行，而其他人〔如20世纪40年代美国的遗传学者理查德·戈尔德施米特（Richard Goldschmidt）〕也赞成这一观点：有很少的媒介（有时被称为等待出现的"有希望的怪物"）突然发生大规模的变化。华莱士也相信，伪装叶子的蝴蝶和竹节虫经过"千秋万代"进化了它们的欺骗行为。的确，我们对许多物种并不十分了解，但是，2014年，日本国家农业生物科学研究院的铃木誉保（Takao Suzuki）及其同事发布了研究结果，表明动物煞费苦心的欺骗行为能够在形态上通过小幅的递增量进化，至少有时确实如此。

铃木等人非常出色地承担了来自东南亚的枯叶蝶属树叶伪装蝴蝶的研究工作，这些物种给华莱士和其他人留下了十分深刻的印象，并为我们提供了进化的早期案例和证据（见第4章）。这项研究发现了枯叶蝶属物种的形状、形态以及各种相关的蝴蝶，外加源自分子遗传学的谱系图。在这一研究的基础上，他们能够推断物种中关联性的模式。首先，他们确定，来自这一种群的所有蝴蝶共享相同的基本平面图（有些像所有物种中的一个基本蓝图），而且从它们常见的祖先到一些编码的外表不同的状态（像翅脉、斑点和其他标记），这一基本平面图的组成成分在进化期间得以改进（图69）。研究团队也发现了一些早期蝴蝶可能具有的特征，并研究了枯叶蝶属后来是如何变化的，包括看起来像叶脉和小霉点的特征。他们发现，枯叶蝶属对叶子的伪装是通过一系列中间的形态得以进化的，与前一种形态相比，后面的每一种形态都变得与真正的叶子更为接近。这一发现证明，枯叶蝶属中的欺骗行为确实可能通过相对小幅的递增量而出现，就像达尔文和华莱士本来就持有的观点一样。即使一些科学家可能不同意这一观点，但我个人发现，我们很容易把这个设想的进化模式想成更为复杂的形式。例如，不难看出，一只进化成棕色的枯叶蝶祖先是如何能比一只棕色较少的枯叶蝶祖先更好地融入枯叶的，以及后来另一只祖先是如何进化出了粗糙的树叶形状而进一步获得了微弱但重要的生存优势的。只要给予足够的时间（记住，我们知道伪装现象至少存在了1.26亿年），它们的伪装就会变得极端复杂。当然，这只是一个例子。其他精心设计的欺骗形式的进化是通过渐进的形式进行，还是相对飞跃的方式进行，都还有待观察。我个人认为，考虑到不完美拟态伪装的普遍存在，以及我们所了解的拟态伪装通常并非必须完美才能进行的情况，渐进的变化将会很常见。的确，铃木最近也证实，一种名为鸟嘴壶夜蛾的大型夜蛾

图 69：从伪装树叶的枯叶蝶以及蝴蝶的平面图变化看其如何进化。上图显示出枯叶蝶属及其突出的平面图的关键因素，下图显示出许多不同种类蝴蝶的平面图中与之类似的成分（这里主要是眼蛱蝶族和枯叶蝶属）。随着进化时间的推进，与其共同的祖先相比，它们的外表已经有了很大改观。至于枯叶蝶属，它们逐渐通过一系列的变化，已经被改变得产生了越发有效的树叶拟态伪装。

铃木高雄摄影以及铃木等人调整过的图片（2014）

英国医学委员会进化生物学，14：229

科飞蛾通过其祖先外表的变化，逐渐进化出了对树叶的拟态伪装，这同样涉及在蝴蝶和飞蛾中发现的有所改变的大致平面图。

关于动物和植物相互欺骗的方式，我们探讨的各种动物欺骗行为的例子给了我们什么启示呢？

首先，我们不应该把被欺骗的动物视为被动的观察者。它们常常会进行反击，或者有一些个体学习防骗技能，或者有一些种群随着时间的流逝进化了"内在的"防范能力。这意味着许多欺骗性体系极具动态性，无论是从当下，还是从整个进化的进程来看。例如，有些从群居的鸟类和哺乳动物中骗取食物的卷尾属鸟会发出捕食者即将出现的假的警报信号（见第2章），但个别的卷尾属鸟不只是一直发出假的警报信号，与之相反，当捕食者在附近时，它们也必须发出一些真实的警报信号，否则，它们欺骗的动物将会学得对它们视而不见。在种群的层次上，伪装者与被其欺骗的那些动物之间的关系也应该多样化。人们广泛地认为，在贝茨氏拟态中，像食蚜蝇那样的伪装者将代价强加给了像黄蜂那样的模型，这是因为食蚜蝇正在欺骗的那个动物（一个捕食者）在攻击了一只食蚜蝇之后，会错误地认为有着黑色和黄色条纹的昆虫事实上是无害的。此外，它们也会去攻击并杀死黄蜂。因此，我们预计食蚜蝇出现的频率相对很低，并与黄蜂的出现频率相关联，这样欺骗行为和防范手段仍然发挥了作用。除此之外，我们也预测到，被利用的物种个体可能处于（经过许多代的进化）来改变它们的外表以便努力去"逃避"拟态伪装的选择压力之下。在这么做时，拟态伪装的有效性降低了，模型的代价也随之减小。这能够导致一种进化的追逐，因此，伪装者为了保持其功能，也不得不一直变化。事实上，有证据显示，这确实在不同的系统中发生，包括最近的证据：我们在第7章探讨过的寄生杜鹃鸟的鸟及其寄主的蛋的颜色变化，以及火蜥蜴的贝茨氏拟态。

其次，从动物的欺骗行为中可以明白，我们对自然界的观念经常是多么不恰当，甚至有时候就是错误的。任何动物的感觉系统都没有对周围所有的潜在信息进行编码——因为信息太多了。相反，它们进化出了对日常生活中最相关的刺激物进行编码的感觉。猫的嗅觉非常灵敏，远远优于我们人类，这使得它们能够洞察和识别数小时前在特定位置出现过的个体，这种能力对于标记和识别领地及找寻猎物都很有价值。猫的夜视能力也极好，其高灵敏度使得它们在黑暗中也能够保持高效搜寻猎物。然而猫的色觉与我们相比却有些薄弱，它们仅限于我们能够看见的蓝色和黄色这样有限的颜色范围。例如，猫与许多哺乳动物一样，无法区分我们看到的红色、绿色和黄色，它们将这几种颜色都感知为同一类颜色。人们认为，猫也没有令人印象极为深刻的味觉。简而言之，猫所感知的世界是它们具有的感觉系统的产物，这是在不同的自然选择压力下进化的，而且与我们感知的世界不同。另外，对感觉系统产生方式的限制也影响感知。例如，许多无脊椎动物的复眼加上其几千个微小的晶体，能够创造出有些粗糙或者加了视频滤镜效果的世界影像，而且缺乏细小的细节，这限制了许多物种看见小的图案和复杂形状的能力。此外，雄性飞蛾常常能够洞察到空中微量的雌性信息素，并利用这些信息素为自己飞向潜在的交配伴侣定位。

我还能够举出无数有关动物欺骗的其他例子，但关键是任何动物的感觉系统都是通过进化来调整的，以便从周围的世界中获取与它们的祖先最为相关的信息。它们可能只是探知了其他物种可能察觉到的一些简单印象，人类也不例外。这意味着欺骗行为以一种对被欺骗动物的感觉器官最显著的方式发生，而且用我们自己的感知对此进行判断可能会被误导，忽略了欺骗行为的复杂性，因为我们没有恰当地理解它，甚至认为动物的欺骗行为不好，因为它发生在我们的优于被欺骗动物的感觉系统的区域。有时，我们甚至完全误解了正在发生的事情。如果转到澳大利亚蟹蛛上（见第1章，它们将昆虫猎物诱惑到了其潜伏的花朵上），我们会觉得蟹蛛经常看起来伪装得很巧妙。事实上，它们像紫外灯下的信号灯一样，能够被猎物看到。我们只有用专业设备才能揭示出蟹蛛的欺骗行为不是通过它隐藏并等待受害者进行的，相反，是通过把猎物诱向一种有吸引力的颜色进行的。我们在第8章遇到的一些通过性拟态伪装欺骗雄性黄蜂的兰花说明了相反的观点。这里，对于我们的眼睛来说，兰花与雌性黄蜂只有一点点相似，然而对于雄性黄蜂缺乏红色有效辨别能力复眼而言，兰花和真正的黄蜂几乎难以区分。因此，关于欺骗在自然界的普遍程度及其进行的方式，我们也许只是刚刚揭掉了它表面的一层面纱。我们有关欺骗的许多知识来自视觉的例证，来自气味和听觉的例证，相对来说范围很小。在其他感觉上，欺骗行为的普遍程度如何需还拭目以待。的确，一些动物具有我们缺乏的整个感觉形态。例如，来自非洲和南美洲成群的发电鱼从特别改良的器官产生并察觉较弱的电子信号，再利用这种能力航行、捕获猎物、与对手竞争、选择配偶。如果发现有关电子信号的欺骗行为存在于它们中间，我绝不会感到奇怪。

我们也可以将这些思索应用于自然界中存在的无数不完美拟态伪装案例这样的难解之谜，其中一个假定的伪装者与其模型并不是特别相似。如同我们注意到的，对此有许多潜在的解释，包括进化可能只是还没有时间使拟态伪装的水平达到完美——那是一项正在进行的工作。但是有时情况可能是这样的：拟态伪装已经做得足够好，对于被欺骗动物的感觉系统而言，拟态伪装确实很有效。此外，不完美伪装的一些案例之所以存在，可能是因为被欺骗的动物只是注重一定的特点，而不注重其他特点。例如，关于谁的蛋属于谁，非洲杜鹃鸟的寄主首先排斥外来的蛋，其依据是蛋的图案和颜色的哪些特点最有可能露出马脚。同样，鸽子之类的鸟在实验室内的实验显示，它们将自己的努力集中于学习最突出的信息，以确定不同类型的物体（例如黄蜂或者两翼昆虫），同时在以后利用这些信息将新的目标进行分类（例如食蚜蝇）。这些案例说明，如果被欺骗的动物不注意其他特点，甚至只有有限的一些特点（如颜色而非图案）被伪装时，拟态伪装也能起到作用。

毫无疑问，将来关于动物欺骗行为的研究主要挑战之一是更好地理解它到底是如何进行的。具体来说，我们需要确定什么时候会涉及感官利用的过程，也就是说，一个有机体利用动物已有的感官甚至认知偏好（与拟态伪装发生的真正案例截然相反，因为在真正的拟态伪装中，动物会误将某种动物分类为错误的目标种类）的时间。这两个过程在欺骗行为中都有明确的例子。例如，澳大利亚蟹蛛明确地诱惑对紫外线的颜色有大致偏好的传粉者猎物。与之相反，与蚂蚁相似的跳蛛是拟态伪装的真正例子，这一点是难以辩驳的。然而，因为所有那些例子导致我们不太确定涉及的机制到底是什么，难题就来了。例如，琵琶鱼身上的诱惑真的是伪装成它的受害者的猎物了吗？或者它只是利用了对小型移动目标的大致偏好呢？使这一切变得更为复杂的是，感官利用和拟态伪装不是相互排斥的。事实上，日本杜鹃鸟幼鸟向寄生父母展示黄色翅膀就说明了这一点。父母至少有时候必须将黄色斑纹视为一个真正的嘴巴，因为它们有时试图给翅膀喂食。然而，每一个翅膀斑纹的外观在紫外线下都比任何真正的洞穴中幼鸟的翅膀更加明亮多彩，这就是科学家常说的"超常刺激"，通过其极端特性引发目标动物的高度反应。

假如你很纳闷这一切是否只是人们的假设，这情有可原——科学家只是在争议该如何称呼某物。然而，这确实很重要，因为如果我们能够明白欺骗行为是如何在不同的物种中出现、是通过什么路径进化、最终会在哪种情况下结束以及最终可能采取什么形式，那么我们需要了解它是如何进行的。要这么做就意味着需要设计一些研究方案，来检验其他动物是如何将目标进行分类的。我们进行的由毛毛虫针对幼稚的幼鸟进行的树枝拟态伪装（乔装）（见第4章），或者利用鸽子将不同的食蚜蝇分类成黄蜂或者两翼昆虫（见第5章）的这一系列研究，显示出了这一切是如何进行的，但是这些实验也正在受到挑战。令人悲伤的是，我们不能只是让其他动物来解释为什么它们以一种特别的方式对一个目标作出反应。

我们可能会问的最后一个问题是，是否有一些动植物种群比其他动植物更倾向于进行欺骗，如果是的话，原因何在？一方面，欺骗行为在某些种群中似乎很普遍，尤其是那些静候猎物（或者积极地引诱猎物）的蜘蛛之类的捕食者。除此之外，在其他交流系统易于利用的物种，当选择压力大得足以使欺骗行为值得去冒被对方发觉的风险时（如避免捕食或者确保配偶时），欺骗行为才会出现。也许更为重要的问题是，为什么一些动物会进化出一种欺骗行为（如贝茨氏拟态），而其他物种却进化出另一种欺骗行为（如伪装）。是什么驱使进化沿着这些不同的路径进行的？当然，一个物种的生活史——它生活的地方、活跃的程度、维生的食物等——都与此有很大关系。但是，目前我们还不太清楚什么时候以及为什么这种形式的欺骗行为比那种形式的欺骗行为更受青睐。一些研究者提出，在地球上的特定区域，尤其在澳大利亚，欺骗性物种可能比其他地方的更多。这个观点基于以下事实：如果你把属于使用欺骗行为的3组已知物种的数量进行计算（蜘蛛、杜鹃鸟和兰花），你会发现澳大利亚似乎拥有不成比例的数量（与全球范围内所有的物种相比）。例如，欧洲的蟹蛛似乎依靠伪装和避开检测来欺骗猎物，而澳大利亚的蟹蛛却常常使用紫外线信号来欺骗猎物。澳大利亚的杜鹃鸟和兰花的比例似乎也高于其他地方，考虑到澳大利亚其他野生生物的独特本性，这其实是个有趣的想法，并非难以置信。然而，可能只是因为澳大利亚、欧洲和北美洲比其他地方进行了更为集中的研究，而在复杂却还未得到广泛研究的南美洲、非洲和东南亚热带生物区，欺骗行为可能会特别普遍，行骗的行家和极端的生活方式也都很常见。有趣的是，华莱士也争论道，与地球的温带地区截然相反，热带地区相对稳定的环境和气候可能已经使一些最非凡的欺骗案例产生，部分原因可能是大量时间产生的进化。

我们对动物欺骗行为的理解已经走过了很长的一段路，也许比过去的十年里的任何时候都要长。动物的欺骗行为提供了一系列案例，支持并大大地提高了我们对进化和适应的理解，也支持了早期科学家和博物学家的观点。这在很大程度上要归功于我们广泛使用的独创性的科学方法，从传统的野外调查和实验，到复杂的分子遗传学和理解动物感官的建模方法。近年来，基本自然史和对自然界多样性的探索常常被弃置一边，为新的学科和技术进步让路。许多生物学家将大部分的工作时间花费在实验室里，很少到野外研究物种。传统的自然史已经失宠，甚至遭到一些人的歧视，与华莱士、贝茨等人的做法大相径庭。然而，正如我不断强调的那样，我们关于自然界和进化的许多伟大思想都来自自然史。除非我们了解动物生活的生态和环境及其面临的选择压力，否则我们就有可能与我们想要了解的物种失去联系，尤其是在自然生态系统遭到严重破坏的时候。幸运的是，伴随着严格的、开创性的实验方法，现在将自然史重新纳入生物学研究的趋势正在稳步增长。对动物欺骗行为的研究就是一个这样的领域。也许最令人激动的是，关于动物的欺骗行为是如何产生和发展的，还有许多问题和难题需要解决。华莱士曾言，动物的着色，包括伪装和拟态，为动物学家提供了一个几乎未开发的、无穷无尽的发现领域。他的观点没有错。理解欺骗行为的这些和其他方面，将会大大增进我们对自然界及其运作机制的认识，并继续加深我们对生物多样性和进化的惊人力量的好奇心。

图书在版编目（CIP）数据

动植物是怎样骗人的 / （英）马丁·史蒂文斯
（Martin Stevens）著；杨建玫，华静，史文静译. ——
重庆：重庆大学出版社，2022.7
（自然解读丛书）
书名原文：Cheats and Deceits：How Animals and
Plants Exploit and Mislead
ISBN 978-7-5689-1414-7

Ⅰ.①动… Ⅱ.①马… ②杨… ③华… ④史… Ⅲ.
①动物—普及读物 ②植物—普及读物 Ⅳ.①Q95-49
②Q94-49

中国版本图书馆CIP数据核字（2018）第291029号

动植物是怎样骗人的
DONGZHIWU SHI ZENYANG PIANREN DE

〔英〕马丁·史蒂文斯 著

杨建玫 华静 史文静 译
吴碧宇 陈凯 译审
策划编辑：袁文华
责任编辑：杨 敬 版式设计：袁文华
责任校对：王 倩 责任印制：赵 晟
*
重庆大学出版社出版发行
出版人：饶帮华
社址：重庆市沙坪坝区大学城西路21号
网址：http://www.cqup.com.cn
全国新华书店经销
重庆俊蒲印务有限公司印刷
*
开本：720 mm×1 020 mm 1/16 印张：15 字数：242千
2022年7月第1版 2022年7月第1次印刷
ISBN 978-7-5689-1414-7 定价：78.00元

版贸核渝字（2016）第279号